剪映真传

88招玩转短视频剪辑

富索索　编著

清华大学出版社
北京

内 容 简 介

本书基于手机视频编辑剪辑软件剪映（移动端）编写而成，旨在帮助读者学习如何在手机上进行视频剪辑，并创作出满意的短视频。本书教学方法基于实践，全书没有过多的枯燥理论，力求内容简洁易懂、实用性强。全书分为 3 篇共 13 章，以 88 个实战案例技巧，全面覆盖剪映移动端的各项剪辑功能，从基础入门到进阶应用，让读者从新手变成剪辑高手。

第 1 章～第 4 章为软件基础篇，详细介绍剪映移动端软件的基本操作，包括素材基本处理、文本、音乐音效等使用方法；第 5 章～第 12 章为软件进阶篇，详细介绍剪映剪辑进阶知识，包括剪映中调色、关键帧、画中画、蒙版、混合模式、各类转场、抠像、特效、变速等功能的组合使用方法；第 13 章为案例实战篇，结合前 12 章所介绍的剪映剪辑方法和技巧，分享 18 个热门短视频实操案例。另外，本书提供了操作案例的相关素材文件和对应案例的教学视频，方便读者边学习边消化，成倍提高学习效率。

本书适合剪映短视频初级读者，也可以作为相关院校学生的自学辅导用书或辅助教材使用。

图书在版编目（CIP）数据

剪映真传：88 招玩转短视频剪辑 / 富索索编著 . —北京：清华大学出版社，2023.9（2024.11重印）
ISBN 978-7-302-64392-0

Ⅰ. ①剪… Ⅱ. ①富… Ⅲ. ①视频编辑软件 Ⅳ. ① TP317.53

中国国家版本馆 CIP 数据核字 (2023) 第 150654 号

责任编辑：陈绿春
封面设计：潘国文
责任校对：徐俊伟
责任印制：曹婉颖

出版发行：清华大学出版社
　　　　　网　　　址：https://www.tup.com.cn，https://www.wqxuetang.com
　　　　　地　　　址：北京清华大学学研大厦 A 座　　　　邮　　编：100084
　　　　　社 总 机：010-83470000　　　　　　　　　　　邮　　购：010-62786544
　　　　　投稿与读者服务：010-62776969，c-service@tup.tsinghua.edu.cn
　　　　　质 量 反 馈：010-62772015，zhiliang@tup.tsinghua.edu.cn
印 装 者：天津鑫丰华印务有限公司
经　　销：全国新华书店
开　　本：188mm×260mm　　　　印　　张：12.5　　　字　　数：409 千字
版　　次：2023 年 10 月第 1 版　　印　　次：2024 年 11 月第 4 次印刷
定　　价：99.00 元

产品编号：102805-01

前　言

感谢您翻开此书，也非常感谢您一直以来对我的支持和鼓励，正是因为您的支持，我才能够坚定地走在剪映剪辑教学这条路上。

短视频是一种互联网内容传播方式，一般视频时长从几秒到几分钟不等。集新闻资讯、技能分享、幽默搞怪、时尚潮流、社会热点、街头采访、公益教育、广告创意、商业定制等内容的短视频已成为当今炙手可热的流行元素，手机也成为了人们记录日常生活的最佳帮手，越来越多的人将视频剪辑纳入自己的兴趣爱好中。然而我认为，想制作出优质的短视频作品，比起剪辑技巧，剪辑思维更为重要。

"剪辑思维"是一种将不同的元素组合在一起，形成新的作品或产品的创作方法和理念。在视频创作中，将不同的场景、元素、角色、音乐和音效等剪辑在一起，以创作出一个完整的故事。我们也可将剪辑思维简单理解为"通过组建各类素材，讲好故事的能力"。

当我们剪辑视频时，要有一个核心概念：讲好故事，而不是随意乱剪。

要想讲好一个故事，需要我们培养导演思维、观众思维、节奏感以及乐感。

导演思维：把自己当成导演，站在导演的角度和高度关注故事脉络，把握整体视频的逻辑和顺序，对素材进行有选择、有目的的剪切和组合，从而达到更好的表达效果。

观众思维：把自己当成观众，想想怎样的剪辑方式会引发观众共鸣，引起观众好奇心。观众思维与导演思维相辅相成，当我们换一种角度思考问题时，常会有意想不到的收获。

节奏感：任何故事都有节奏感，剪辑也不例外。如果心里没有节奏意识，剪辑就会显得松散混乱，需尽量让剪辑保持紧凑、有趣而不拖沓，从而更好地吸引观众注意力。

乐感：音乐是短视频中必不可少的元素之一。首先，在选择背景音乐时把握一个原则：只选择合适的。即使您再喜欢一首背景音乐，但是它若与影片不匹配，也必须舍弃。其次，音效和配音可以很好地辅助画面描述，增加画面氛围感，根据视频故事情节和节奏，合理添加音效，往往能达到事半功倍的效果。

当然，每个人都有自己的剪辑思维，想要提升剪辑思维，并没有捷径可走，需多阅片、多学习，更重要的是多练习。且剪辑思维需和剪辑技巧的熟练运用相结合，才能创作出优质的短视频。

手机剪辑并非新鲜事物，它已经流行了一段时间，但是对于大多数朋友，剪辑视频仍然是一项具有挑战性的任务。市面上手机剪辑软件种类繁多，"剪映"是抖音官方推出的一款手机视频编辑剪辑应用。自2019年5月剪映移动端上线，其便迅速成为视频剪辑软件排行榜前三。剪映倾向于简单快速地进行视频创作，带有全面的剪辑功能，支持变速、抠像、转场、字幕识别、多样滤镜、特效、AI绘画以及丰富的素材和曲库资源。其操作简单且功能强大，非常适用于视频创作新手，也被称为视频创作新手的"剪辑神器"。

剪映App

剪映中除了常见的剪辑工具，还提供了"剪同款"模板，即创作人将剪映里面制作的视频源文件共享给大家使用，点击【剪同款】界面的模板，就可以复用创作人精心设计的创作效果，创作效果包括剪辑中的所有编辑设计的效果，如贴纸、转场、动画、文字、抠像、滤镜等，让用户在半分钟不到的时间也可以创作出目前网上最热最火的视频。人人可以剪辑。

剪映 —— 剪同款

剪映中也提供了强大的"素材库"，支持搜索海量视频素材、图片素材、绿幕素材、转场素材、片头、片尾、情绪爆梗、氛围、故障动画、空镜头等，满足用户的创作，让视频更加栩栩如生。同时也可满足用户练习剪辑的需求。

剪映 —— 素材库

剪映云是剪映中云备份的功能，有超大空间，可自动将剪辑草稿上传至云空间，不占用本地存储空间，且剪映云中备份的草稿可在PC端与移动端互通下载，实现工程文件同步。例如一个视频项目，先在手机上进行了粗剪，想要在电脑版中精剪，可将它备份到剪映云中，当用户在电脑版登录时，将草稿文件下载到本地即可继续剪辑，非常方便。

剪映云

剪映云界面

我希望本书可以成为您的手机剪辑指南，能够为您提供有用的指导，成为您的手机剪辑好帮手。剪辑不仅需要技术，而且需要不断地学习和实践，还需要有耐心和热情。希望您不断地锻炼和提升技能，让您的视频作品更加精彩、有趣、有意义，并再次感谢您的支持和鼓励，祝愿您在手机剪辑的道路上越走越远，越来越好。

由于本书从编写到编辑出版需要一段时间，官方软件升级较为频繁，软件界面、部分功能和内置素材等会有些许差异，您在阅读本书时，可根据书中的思路举一反三地进行学习，不必拘泥于细微的变化。

由于作者水平有限，书中难免有错误和疏漏之处，恳请广大读者批评指正。为了方便交流沟通，欢迎大家关注作者的抖音号"富索索"，从中不仅可以看到本书相关内容对应的视频，还可以看到更多的手机剪辑技巧。

本书的配套资源请用微信扫描下面的"配套资源"二维码进行下载，如果在下载过程中碰到问题，请联系陈老师，联系邮箱：chenlch@tup.tsinghua.edu.cn。

如果有技术性的问题，请用微信扫描下面的"技术支持"二维码，联系相关技术人员进行解决。

配套资源

技术支持

最后，还要感谢我的好友马梦婷为本书创作提供的帮助。

编者

2023年8月

目　录

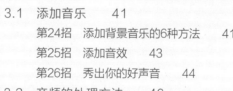

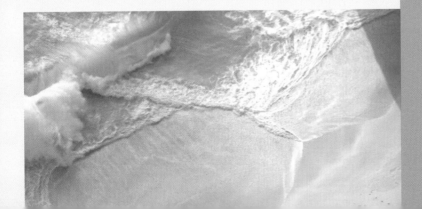

软件基础篇

第1章
初识剪映

　　随着智能手机的普及，越来越多的人开始使用手机进行视频剪辑，并在社交网络上分享自己的创意作品。而在各种视频编辑工具中，剪映无疑是一款备受欢迎的手机剪辑软件。本章主要介绍剪映的基本功能的使用方法，以及如何让视频更高清的方法，帮助我们为实现高水平的手机剪辑打好坚实的基础。

1.1 玩转剪映，这些功能你一定要知道

　　剪映中提供了各种各样的功能和特效，想玩转剪映，那我们就要从认识剪辑界面开始。本节我们将了解剪映的基本功能。

第1招　将素材导入剪映

　　打开剪映APP，点击【开始创作】按钮，选择一段或多段视频，点击右下角的【添加】按钮，即可进入视频剪辑页面，如图1-1和图1-2所示。

图1-1

图1-2

该界面由三部分组成，即预览区域、时间线区域、工具栏区域，如图1-3所示。

图1-3

第2招 认识剪辑界面

剪映的剪辑界面由三部分组成，即预览区域、时间线区域、工具栏区域，下面进行详细介绍。

1.预览区域

预览区域是实时查看视频画面的小窗口。我们在视频剪辑过程中，任何一步操作都需要在预览区域确定其效果，时间轴处于视频轨道的不同位置时，预览区域会显示当前时间轴所在那一帧的图像。预览区域在剪映界面中的位置如图1-4所示。

图1-4

预览区域左下角显示为00:01/00:15。其中，00:01表示当前时间轴位于的时间刻度为 00:01；00:15则表示视频总时长为15s。

点击预览区域下方的 ▷ 图标，即可从当前时间轴所处位置播放视频。

点击■图标，可撤回上一步操作。

点击■图标，可在撤回操作后，再将其恢复。

点击■图标，可全屏预览视频。

2.时间线区域

时间线可以帮助我们快速找到想看的内容，同时也可以避免视频中出现重复的内容。时间线区域包含三大元素，即"轨道""时间轴"和"时间刻度"。该区域在剪映中的位置如图1-5所示。

①轨道

"轨道"在时间线区域中占据比例较大，分为"主轨道"和若干"副轨道"。图1-5中，绿叶红花图案的视频是主轨道，副轨道里有橘红色的文字轨道和橘黄色的贴纸轨道。在时间线中还有其他副轨道，如滤镜轨道、特效轨道、音频轨道等，通过调整各轨道的位置与时长，确定其作用范围。（手机剪辑中"轨道"也可称为"层"，如"特效轨道"也称为"特效层"，其实都是一样的）。

②时间轴

在剪辑界面中间有一条白色的竖线叫作"时间轴"。当时间轴处于轨道的不同位置时，预览区域就会显示当前时间轴所在那一帧的画面。

③时间刻度

在时间线区域的最上方是一排时间刻度。通过该刻度，可以准确判断当前时间轴所在时间点。随着视频轨道被"拉长"或者"缩短"，时间刻度的"跨度"也会跟着变化。

当视频轨道被拉长时，时间刻度的跨度最小可以达到1帧/节点，有利于精确定位时间轴的位置，如图1-6所示；而当视频轨道被缩短时，则有利于时间轴快速在较大时间范围内移动。

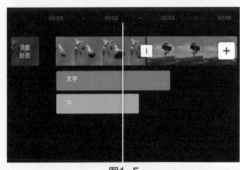

图1-5

图1-6

（富索索的小提示：双指按住视频轨道或在轨道下方空白区域并拢，即可缩短时间刻度；双指按住视频轨道并分开，即可拉长时间刻度）

3.工具栏区域

在剪辑界面的最下方即为工具栏，如图1-7所示。

图1-7

剪映中的所有功能几乎都需要在工具栏中找到相关选项进行操作。在不选中任何轨道的情况下，所显示的为一级工具栏，点击相应按钮，则会进入二级工具栏。

值得注意的是，选中某一轨道后，剪映工具栏会随之发生变化，变成与所选轨道相匹配的工具。图1-8所示为选中主视频轨道的工具栏，图1-9所示则为选择文字轨道时的工具栏。

图1-8

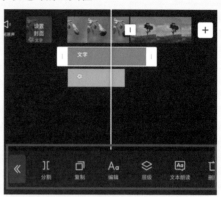
图1-9

第3招　调整视频比例

在剪映剪辑界面中，不进行任何操作的情况下，点击下方一级工具栏中的【比例】按钮，进入其二级工具栏，即可根据需要更改视频的画面比例，如图1-10和图1-11所示。

图1-10

图1-11

日常生活中，大多数人刷短视频习惯竖拿手机并上下滑动观看，所以将视频发布到抖音/快手等平台时，建议将画面比例设置为9：16，视频可以全竖屏显示，观感会更好，如图1-12所示；发布到哔哩哔哩/头条等平台，建议将画面比例设置为16：9，此画面比例与平台调性更相符，如图1-13所示。

图1-12

图1-13

第4招　给素材添加背景

　　当视频素材的背景比较单调时，我们可以给视频添加背景，可在一定程度上起到丰富视频画面的作用，另外，如果素材画面与视频比例不一致，画面四周可能会出现黑边，添加背景也可有效弥补画面不足。添加背景的操作步骤如下。

⓪① 将时间轴移动到希望添加背景的视频轨道内，在不进行任何操作的情况下点击【背景】按钮，如图1-14所示。

图1-14

⓪② 二级菜单栏中有"画布颜色""画布样式""画布模糊"三个选项，如图1-15所示。其中，"画

布颜色"为纯色背景；"画布样式"里有不同风格及各种图案的背景；"画布模糊"将当前画面放大并模糊后作为背景。

图1-15

03 此处以选择"面布模糊"风格为例。在此工具栏中，分四种不同模糊程度，选择其中一个模糊程度可以预览画面背景的模糊效果，选好之后点击右下角的√图标即可更改背景。注意，如果此时视频中有多个片段，那么背景只会应用到时间轴所在的片段上，如果需要为其余所有片段均增加同类背景，点击左下方的"全局应用"按钮即可；若取消背景效果，点击■按钮即可，如图1-16所示。

图1-16

（富索索的小提示：画布背景越模糊，越能在视觉上突出视频主体）

第5招　调节视频时长和删除视频

在导入一段素材后，往往需要调整视频的长度，截取出视频精彩的部分，删除不需要的片段，以下有两种方法可供使用。

1.分割

视频分割的操作步骤如下。

01 在剪辑轨道中将时间刻度拉长，将时间轴移动至需要截取的起始处，单指点击选中视频，如图1-17所示。

图1-17

02 点击工具栏中的【分割】按钮，如图1-18所示。

图1-18

03 此时会发现在所选位置出现黑色实线以及 [i] 图标，说明视频在此处已被分割，如图1-19所示。将时间轴移动至需要截取的结尾处，以同样方法对视频进行分割。

图1-19

04 将时间刻度缩短，即可看到在两次分割后，原本只有一段的视频变为了三段，如图1-20所示。

图1-20

05 分别选中前后两段视频，点击界面下方的【删除】按钮，如图1-21所示。

图1-21

06 前后两段视频均被删除后,就只剩下需要保留的那段视频,视频的时长也会有所改变。

　　2.拖移

　　当素材时长较短,或只需小范围调节视频时长时,也可使用"拖移"的方法,操作步骤如下。

01 单指点击选中需要调节长度的素材片段,两端会出现"小白框",如图1-22所示。

图1-22

⑫ 按住左侧或右侧的"小白框"，向左右拖动，即可增加或缩短视频长度，如图1-23所示。

图1-23

⑬ 拖动边框拉长或者缩短视频时，常需要明确视频的时长，其片段时长会时刻在左上角显示，如图1-24所示。

图1-24

（富索索的小提示：我们可以提前把时间轴移到视频需要缩短的位置上，拖移"小白框"，当靠近时间轴时会自动被吸附上，从而可以快速调节视频时长）

（富索索的小提示：分割删除后的视频并没有彻底"消失"，例如一段原本10s的视频，通过分割功能截取其中的5s。此时，选中该段5s的视频，并拖移其"小白框"，依然能够将其恢复为10s的视频）

第6招　添加新素材

当我们在剪辑过程中发现素材不够时，只需点击主视频轨道后方的⊞图标即可导入新的素材，如图1-25所示。

当需要在两段视频中间添加新的素材时，将时间轴移至两段视频中间，再点击主视频轨道后方的⊞图标，即可导入新的素材，如图1-26和图1-27所示。

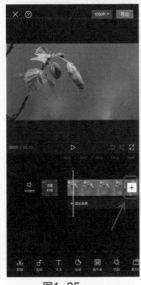
图1-25

图1-26

图1-27

第7招　调整素材位置

导入多段视频以后，如需调整素材的前后播放顺序，操作也很简单。

单指按住其中一段素材，当素材呈现立体并排时，前后拖动素材即可调整素材顺序，如图1-28～图1-30所示。

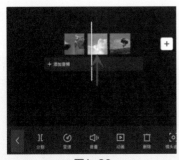
图1-28

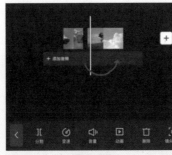
图1-29

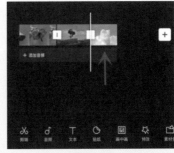
图1-30

第8招　编辑素材

当我们需要调整素材的大小时，用手指拖动可以直接放大或缩小，同时还可以调整位置。若要调整素材比例或构图，需要用到剪映当中一个非常好用且关键的功能：编辑，操作步骤如下。

01 选中素材，在下方菜单栏中点击【编辑】按钮，进入其二级菜单栏，如图1-31和图1-32所示。

图1-31　　　　　　　　　　　　　　　　　　图1-32

02 点击【镜像】按钮，视频画面与原画面即可形成镜像对称，如图1-33所示。

图1-33

03 点击【旋转】按钮，点一次可使画面顺时针旋转90°，如图1-34所示。点击四次即回归原位。

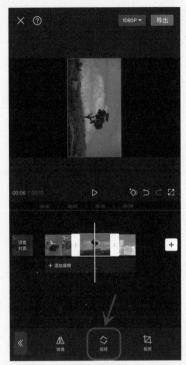

图1-34

04 点击【裁剪】按钮，通过调整画面大小位置，移动线框确定要裁剪的位置，即可自由裁剪，或按系统预设比例进行快捷裁剪，如图1-35所示。

图1-35

05 若我们拍摄的素材有点歪斜，这时滑动下方的"标尺"滑块用来校正画面也很不错，如图1-36所示。

图1-36

第9招　替换素材

　　剪辑视频时，如果觉得当前素材不合适，需要换成新的素材，不用重新导入素材，用【替换】功能就可以，操作步骤如下。

01 选中当前视频素材，点击下方工具栏中的【替换】按钮，如图1-37所示。

图1-37

02 选择相册中一段新的视频素材，视频时长需与原视频时长一致，多余部分会被裁剪掉，如图1-38所示。

图1-38

03 单指在选择框中左右移动，确定视频中要保留的部分，点击【确认】按钮，素材就被替换好了，如图1-39所示。

图1-39

1.2 导出更清晰的视频

有时当我们播放一些视频时，画面可能会出现模糊、花屏以及其他类型的问题，这会极大地降低观看体验。那么，该怎样才能让视频更清晰呢？ 在本节中，我们从视频的前期拍摄和视频剪辑完成后如何高清导出这两个方面来探讨，以帮助您提高视频质量，拥有更清晰的视频。

　　从视频录制到后期导出，再到上传至抖音平台，每个过程都会造成画质损失。因此，提升画质最有效的方法莫过于在录制时就设置为较高的拍摄参数，从而保证在多次画质损失后，依然有较高的清晰度。以下分别以iPhone手机和华为手机为例进行介绍。

　　iPhone手机：在手机【设置】菜单中选择【相机】，打开【网格】开关，在拍摄时也能帮助更好地构图，如图1-40所示；然后选择【录制视频】选项，随后即可设置分辨率和帧率，如图1-41所示。

图1-40

图1-41

　　华为手机：打开相机，点击右上角的【设置】按钮进入相机参数调节页面，如图1-42所示；点击【视频分辨率】按钮，选择【16:9 1080p】选项，如图1-43所示；点击【视频帧率】按钮，选择【60fps】选项，如图1-44所示。

图1-42

软件基础篇

图1-43

图1-44

（富索索的小提示：当您拿出手机准备拍摄时，一定要记得将镜头先擦干净，镜头脏又花，拍啥都白搭呀）

第11招　什么是分辨率和帧率

您一定好奇图1-41所示中"1080p HD/60fps"中的1080p、60是什么意思？字母HD、fps又分别代表什么？

"1080p HD"指视频分辨率，意思是每一个画面中能显示的像素数量，通常以水平像素数量与垂直像素数量的乘积或单独以垂直像素数量表示。通俗讲就是，视频分辨率数值越大，画面就越精细，画质就越好。常见的分辨率有720p、1080p、2K、4K等。

字母"HD"代表高分辨率。只要垂直像素数量大于720，就可以被称为高分辨率视频或高清视频，可带HD标识。但由于4k视频已经远远超越了高分辨率的要求，所以反而不会带有HD标识。

字母"fps"代表帧率，也叫帧速率，不同的数字代表手机摄像头每秒记录的画面数量。例如 30fps 的意思是每秒记录 30 幅画面，60fps 就是每秒记录60幅画面。明白了这个逻辑，我们就知道，每秒显示的画面越多，视频就越流畅，视频记录的信息就越丰富。60fps 的视频可以在后期放慢50%，效果不卡顿，这对于拍摄慢动作视频而言尤为重要。

还有一个概念叫"码率"，指视频文件在单位时间内使用的数据流量，通俗来讲也叫"取样率"，一般同样分辨率下，视频文件的码率越大，压缩比就越小，画面质量就越高。码率越大，说明单位时间内取样率越大，数据流精度就越高，处理出来的文件就越接近原始文件，图像质量越好，画质越清晰，要求播放设备的解码能力也越高。

（富索索的小提示：现在的智能手机基本都能拍4K的视频，4K的确比1080p/60fps的画质要更清晰，但其也会占用手机更多的内存空间，在日常拍摄中，拍摄参数设置为1080p/60fps就足够用）

第12招　后期导出如何调参数

知晓了分辨率、帧率、码率等对视频清晰度的影响后，当我们在剪映剪辑完视频需要导出时，也需要注意导出的参数设置，以减少画质的损失，操作步骤如下。

01 点击"导出"旁边的【1080P】参数设置按钮，如图1-45所示，弹出的下拉列表会出现分辨率/帧率/码率参数设置选项。

图1-45

02 根据视频实际需要，"分辨率"可设置为"4K"或"1080P"；"帧率"设置为"60帧"；"码率"建议设置为"较高"，如图1-46所示。

图1-46

软件基础篇

03 点击【导出】按钮，视频就保存在手机相册里了。

（富索索的小提示：如果您的原视频分辨率较低，设置较高的分辨率导出，清晰度的提升可能不会很明显；另外，参数调得越高，视频文件越大，导出也需要手机有足够的储存空间）

本章小作业

嗨，同学，恭喜您即将入门啦！知晓了剪映的基本功能，来跟练一遍吧。

作业要求如下：

设置好手机拍摄参数，随手拍几段视频。

视频素材导入剪映，将本章讲到的功能全部试练一遍。

操作失误了也没关系，别忘了我们可以点击 � （撤回）按钮撤回上一步操作。继续多练习。

第2章
文字

　　视频中的字幕可以搭配视频内容，以文字形式呈现在视频画面中，起到传递信息的作用。文字可以增强视频内容的表现力，使视频更加生动，并让观众更容易地理解和接受视频中的信息。

　　有些观众可能会因为听力问题、语言限制或者声音环境的干扰而难以理解视频中的内容，此时，字幕可以帮助观众更好地理解视频内容。当观众可以读懂视频中的内容时，他们可能会对视频内容更感兴趣，并且更容易充分参与。另外，随着人工智能技术的不断提升，搜索引擎越来越重视视频内容中的文字，为视频添加字幕不仅可以帮助观众理解，也可以让搜索引擎更好地理解和解释视频内容，并在搜索结果中获得更高的排名。本章将带领大家学习剪映中字幕的添加及使用方法，帮助大家快速掌握字幕的制作技巧。

2.1　创建文本

　　在剪映中，想要制作出各种字幕，首先要了解如何创建文本，如何设置文字样式。可能有人会认为，给视频添加字幕不过就是简单地写几段文字，但剪映的文本功能可不止这么简单。本章将从添加文字，设置文字样式，添加花字、贴纸，使用文字模版等方面系统讲解，帮助大家快速掌握字幕制作技巧。

第13招　添加文字

　　添加文本的操作步骤如下。

01 打开剪映APP，点击中间的【开始创作】按钮，导入一段视频素材，点击菜单栏中的【文本】按钮，如图2-1所示。

图2-1

02 进入二级菜单栏后，点击【新建文本】按钮，如图2-2所示。

03 输入需要的文字，输入完成后会出现一条文字轨道，如图2-3所示。

图2-2

图2-3

第14招 调整文字样式

调整文本样式的操作步骤如下。

01 选中文字轨道，点击其下方菜单栏中的【编辑】按钮，进入文字样式的编辑页面，如图2-4所示。

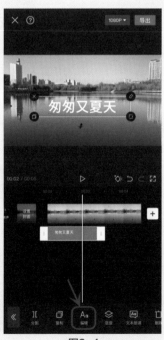

图2-4

02 此时，点击【字体】按钮，页面中已有字体分类，点选其一形态，即可更换文字的字体，如图2-5所示。长按其中一种字体，右上角的图标点亮，说明已收藏该字体，如图2-6所示，所有收藏的字体会保留在"收藏"分类中，方便下次直接使用；再长按该字体，即可取消收藏，如图2-7所示。

03 点击【样式】按钮，点选其下分类选项，即可更改文字的颜色、描边、发光、背景、阴影、排列、粗斜体等参数，如图2-8所示。

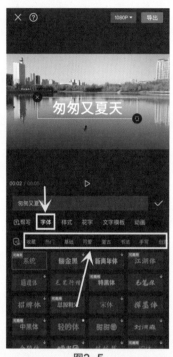

图2-5

图2-6

图2-7

图2-8

04 更改文字的大小有两种方法：一是拖动页面中"字号"的大小数值即可更改，如图2-9所示。二是双指按住预览中的文字并拢或分开，也可缩小或放大文字，如图2-10所示。

图2-9

图2-10

05 文字轨道的起始位置代表该文字出现的时间；文字轨道的长短代表该文字在视频里出现的时长；选中并按住文字轨道左右移动，可调整该文字出现的时间，如图2-11所示；按住"小白框"拖动，可调整文字出现的时长，如图2-12所示。若文字需要在视频中全程显示，将文字轨道拉满即可。

图2-11

图2-12

（富索索的小提示：在"字体"分类中，可以看到个别字体带有"可商用"的标识，若商用，建议优先使用可商用的字体）

剪映中内置了很多花字字幕模版，可以帮助我们一键制作各种精彩的艺术字效果，用在视频中也非常好看，添加花字的操作步骤如下。

① 选中文字轨道，点击其菜单栏中的【花字】按钮，即可进入花字设置页面，如图2-13所示；或双击文字轨道进入编辑页面，选择【花字】选项，如图2-14所示。

图2-13

图2-14

② 花字的分类有很多种，根据实际需要选择一种样式即可。点击左上角的【搜索】按钮，可以快速寻找所需颜色的花字样式，如图2-15所示。

图2-15

软件基础篇

2.2 让画面更丰富

剪辑中适当使用贴纸和涂鸦笔功能，不仅能丰富视频画面，还能给视频增添很多乐趣，同时也可以作为一种遮挡物叠加在某些不希望展示出来的画面区域中。贴纸和涂鸦笔其实有很大的作用，我们要先了解贴纸和涂鸦笔的使用方法，之后还会有具体实用案例。

第16招 添加贴纸

添加贴纸的操作步骤如下。

① 在剪辑轨道中，将时间轴移至想要添加贴纸的位置，点击菜单栏中的【贴纸】按钮，进入贴纸界面，如图2-16所示；或先点击菜单栏中的【文本】按钮，再点击【添加贴纸】按钮，也可进入贴纸界面，如图2-17所示。

图2-16

图2-17

② 界面中已有预设分类，如表情、热门、VIP、遮挡、指示等等，也可直接点击【搜索】按钮，如图2-18所示，按实际需要点击贴纸添加即可。也可点击 图标，从手机相册导入素材作为贴纸使用，如图2-19所示。

③ 在预览区单指按住贴纸可移动位置，双指按住贴纸分开或并拢，可调整贴纸大小。

④ 选好并添加贴纸以后，会出现一条贴纸轨道，如图2-20所示。贴纸轨道的起始位置代表该贴纸出现的时间；轨道的长短代表该贴纸在视频里出现的时长；选中并按住该轨道左右移动，可调整贴纸出现的时间；选中并按住"小白框"拖动，可调整贴纸出现的时长，若贴纸需要在视频中全程显示，将该轨道拉满即可。

（富索索的小提示：如果你常用某个贴纸，长按贴纸可以收藏哟）

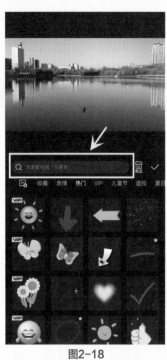
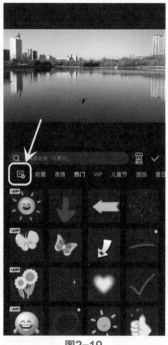
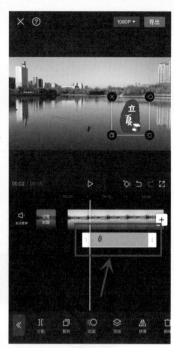

图2-18   图2-19   图2-20

第17招　涂鸦笔功能

涂鸦笔是剪映当中非常好玩的一个功能，操作步骤如下。

① 在剪辑轨道中，将时间轴移至想要添加涂鸦的位置，先点击菜单栏中的【文本】按钮，再点击【涂鸦笔】按钮，也可进入涂鸦笔界面，如图2-21所示。

图2-21

02 根据需要调整好笔触粗细、颜色、硬度、不透明度等参数，单指在预览区随意画即可，如图2-22所示。画错的地方我们可以点击预览区域的  图标撤回上一步操作，也可点击 图标使用橡皮擦功能，擦除不需要的部分即可，如图2-23所示。

图2-22

图2-23

03 点击【素材笔】按钮，也可选择剪映内置的不同种类素材笔，也很方便，如图2-24所示。

图2-24

04 完成涂鸦之后，会出现一条涂鸦轨道，如图2-25所示。轨道的起始位置代表该涂鸦出现的时间；轨道的长短代表该涂鸦在视频里出现的时长；选中并按住轨道左右移动，可调整该涂鸦出现的时间；选中并按住"小白框"拖动，可调整涂鸦出现的时长，若涂鸦需要在视频中全程显示，将该轨道拉满即可。

图2-25

2.3 让文字动起来的方法

当我们给视频添加了文字，调整了文字样式，但文字依然是静态时，略显死板，这时我们可以用添加动画的方式让文字动起来，十分有趣。本节将介绍文字动画的添加方法，让我们的视频更有动感。

第18招 添加文字动画

如果想让画面中的文字动起来，最常用的方法就是为其添加动画，操作步骤如下。

01 选中一个文字轨道，并点击下方菜单栏中的【动画】按钮，如图2-26所示。

02 在界面下方选择为文字添加"入场动画""出场动画"或"循环动画"。选中其中一种"入场动画"后，下方会出现控制动画时长的滑块，时间越长，代表文字出现得越慢，如图2-27所示。

03 选择一种"出场动画"后，控制动画时长的滑块会出现红色部分，可调整"出场动画"的时长，时间越长，代表文字消失得越慢，如图2-28所示。"入场动画"和"出场动画"一同使用，可以让文字的出现与消失都更自然。

04 "循环动画"会让文字一直处于动画循环状态中，调整下方控制滑块，可以调节动画的速度，如图2-29所示。

图2-26

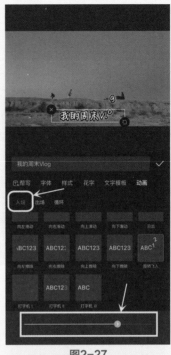

图2-27

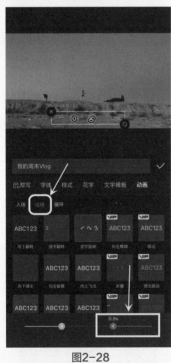

图2-28

图2-29

05 添加了"入场动画""出场动画"和"循环动画"后，文字轨道下方会出现白色线条，右箭头线条对应"入场动画"，左箭头线条对应"出场动画"，中间带圆圈的线条对应"循环动画"，如图2-30所示。

图2-30

第19招　巧用文字模版

　　让文字动起来，除了给文字添加动画，还有一个非常省力省时的方法，那就是套用剪映内置的文字模板，不用自己花费心思琢磨字幕效果，文字模板中已预设好了字体样式和动画样式，包括贴纸样式。款式多样，寻找合适的模板直接套用即可，操作步骤如下。

01 在剪辑轨道中，将时间线移至想要添加文字的位置，先点击菜单栏中的【文本】按钮，再点击【文字模板】按钮，也可进入文字模板界面，如图2-31所示。

02 在分类中选择一款模板，点击模板中虚线部分的文字可替换成我们自己需要的文字，如图2-32所示。

图2-31

图2-32

软件基础篇

⑩3 在预览区域单指按住文字模板可以移动位置，双指放大或缩小可调整该模版的大小。

（富索索的小提示：如果常用某个文字模板，长按该模板也可以收藏）

2.4 文本常用处理技巧

　　在剪映中制作字幕时，有几种常用的处理技巧，可以分为凸显重点文字和批量添加字幕两大类。凸显重点文字有两种常见的处理方法，一是将重点文字放大，二是给重点文字添加颜色标记，让观众一眼就能看到。批量添加字幕可以使用剪映的"识别字幕"功能。本节将就以上几点，给大家介绍在剪映中处理字幕的常用技巧，非常实用。

第20招　重点文字单独放大和标色

　　在剪映处理字幕时，重点文字不论是在哪个位置，都不会影响我们给它单独放大和标色，操作步骤如下。

⑩1 双击文字轨道即可进入编辑界面，移动文字框内光标，选中"放大"二字，会弹出选项框，如图2-33所示。

图2-33

⑩2 点击选项框中的【编辑样式】按钮，此时"放大"二字处于选中状态，点击【样式】按钮，点击【字号】按钮，调整字号数值至40，即"放大"二字已被单独放大，如图2-34所示。

⑩3 同理，选中"标色"二字，点击【编辑样式】按钮，点击【样式】按钮，点选颜色，即可为重点文字单独更换颜色，如图2-35所示。

　　这里要注意，文字一定是在被选中的情况下，才可单独更换其样式。

图2-34

图2-35

第21招　自动识别字幕

　　剪映中的"识别字幕"功能可一键给视频添加字幕，该功能针对有说话或对话的视频，可以帮助我们快速将视频中的语音识别成字幕，大大提高剪辑效率，操作步骤如下。

01 导入一段有人物说话的视频，先点击菜单栏中的【文本】按钮，再点击【识别字幕】按钮，如图2-36所示。

图2-36

02 在点击【开始匹配】按钮之前，建议选中【同时清空已有字幕】单选按钮，防止在反复修改时出现字幕错乱的情况，如图2-37所示。

图2-37

03 自动生成的字幕会出现在视频下方，如图2-38所示。

图2-38

04 在预览区域点击字幕并拖动，可调整其位置，双指按住分开或并拢，可调整字幕的大小。

05 对其中一段字幕修改后，其余字幕将自动进行同步修改（默认设置），例如，在调整位置并放大图2-39所示的字幕后，图2-40所示的字幕和大小将同步进行修改。

图2-39　　　　　　　　　　　　　　　图2-40

06 同样，字幕的字体颜色样式也可以调整，如图2-41所示。如果只想单独修改某一段字幕，取消选中【应用到所有字幕】单选按钮即可，如图2-42所示。

图2-41　　　　　　　　　　　　　　　图2-42

第22招　实训案例：文本实战——简约高级感字幕排版

学习了文本内容，下面我们一起来制作高级感字幕排版，操作步骤如下。

01 导入视频，点击菜单栏中的【文本】|【新建文本】按钮，输入文字，如图2-43所示。

图2-43

02 双击文字轨道进入文字编辑界面，点击【字体】按钮，选择【宋体】选项，点击【样式】|【排列】按钮，"缩放"调整为8（视具体情况而定），"字间距"调整为10，如图2-44所示。

图2-44

03 选中文字轨道，点击菜单栏中的【复制】按钮，将该文字复制一份，并移动文字放在原文字的下方，如图2-45所示。

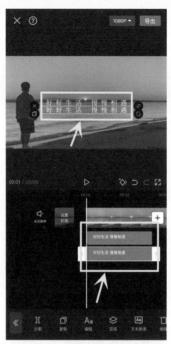

图2-45

④ 选中复制的文字，点击【编辑】按钮，将内容更换为英文或拼音；点击【样式】|【文本】按钮，将"字号"调整至略小于原内容字号；将"透明度"调整至70%，如图2-46所示；点击【排列】按钮，将字间距调整为5。

图2-46

⑤ 选中汉字文字轨道，在菜单栏中选择【动画】|【入场动画】|【向上露出】效果，调节动画时长为1.5s，如图2-47所示；选中英文文字轨道，选择【动画】|【入场动画】|【向下露出】效果，调节动画时长为1.5s，如图2-48所示。

图2-47

图2-48

06 最后调整好两段文字的位置，简约高级感字幕排版效果即完成，如图2-49所示。

图2-49

第23招 实训案例：贴纸实战——马赛克追踪

当我们拍摄的视频人物不便出镜，或某个物体不便出镜，需要进行遮挡时，可以使用马赛克贴纸，图片好操作，但是视频是实时动态的，如何做到马赛克追踪遮挡呢？其实不难，我们来一起试试吧，操作步骤如下。

01 导入视频，点击菜单栏中的【贴纸】按钮，搜索"马赛克"，选一个喜欢的贴纸添加进来，随后将贴纸轨道拉长与视频时长对齐，如图2-50所示。

图2-50

02 将时间轴移至视频起始处，选中预览区域中的贴纸，用双指调整贴纸大小，并将贴纸移至需遮挡处，如图2-51所示。

图2-51

03 选中贴纸轨道，在菜单栏中点击【跟踪】按钮，如图2-52所示。

图2-52

04 预览区域会出现黄色圆圈，将圆圈移动至遮挡处，并用双指调整至遮挡物相似大小，以确保能够精确追踪，如图2-53所示。

图2-53

05 调整完成之后，点击【开始追踪】按钮，马赛克跟踪效果即完成，如图2-54所示。

图2-54

本章小作业

嗨，同学，知晓了剪映中"文本"的基本功能，来跟练一遍吧。

作业要求如下：

固定手机，录制一段15s左右的讲话视频。

将视频导入剪映，识别字幕，并对重点文字单独放大和标色。

添加贴纸，并对文字和贴纸设置动画效果。

除此之外，本章讲到的其他功能也要多尝试多练习。

第3章
给视频注入灵魂：音乐

在短视频中，音乐是能够吸引观众，营造氛围的灵魂，在创作中充分运用它，可以为视频增添不同的魅力。

当我们给视频添加音乐时，需要注意几个关键点。首先是选择适合的音乐。要根据视频的主题和氛围选择适合的音乐，如节奏轻快、欢快的音乐适合展现欢乐活泼的场景，而慢板柔和的音乐则更适合表现感性、浪漫的场景。其次，在视频中添加音乐时，需要注意音乐和画面的协调。音乐节奏与画面流畅的配合是关键，避免画面和音乐出现不协调的情况。音乐和画面的主题要配合得恰到好处，达到眼耳双享的效果。最后，还要注意版权问题。选用未经授权的音乐会造成版权侵权问题，影响到作品的创作和传播。建议使用免费版权音乐，或者通过正式的版权授权途径使用商业音乐。本章将从如何给视频添加背景音乐以及如何处理音频两大方面系统讲解，帮助大家快速掌握剪辑中音频的使用方法。

3.1　添加音乐

一首动听的音乐可以让视频倍感生动，增添情感和气氛。如何添加背景音乐？如何选择合适的音乐？本节将介绍添加背景音乐、音效、录音的方法，一起来学习吧。

第24招　添加背景音乐的6种方法

扫码看
视频教学

导入视频之后，共有6种方法可添加背景音乐，操作步骤如下。

第一种方法：在工具栏中点击【音频】|【音乐】按钮，在界面上方有剪映预设的音乐类型分类，如图3-1所示，选择合适的音乐点击【使用】按钮即可添加。试听音乐时，点亮音乐右侧的星星图标，即可收藏该音乐，如图3-2所示。所有收藏的音乐均保留在下方"收藏"分类中。

第二种方法：在工具栏中点击【音频】|【音乐】按钮，并在顶部的搜索界面输入需要的音乐名称，即可添加，如图3-3所示。

第三种方法：在工具栏中点击【音频】|【音乐】|【抖音收藏】按钮，找到喜欢的音乐并添加，如图3-4所示。建议：日常刷抖音短视频时，听到喜爱的音乐，可点击视频右下角的碟片图案，点亮星星图标即可收藏该音乐。

第四种方法：在抖音或其他平台复制视频/音乐链接，在工具栏中点击【音频】|【音乐】|【导入音乐】|【链接下载】按钮，将该链接粘贴在粘贴区即可添加，如图3-5所示。

第五种方法：在工具栏中点击【音频】|【音乐】|【导入音乐】|【提取

图3-1

音乐】按钮，选择自己的本地视频即可提取视频中的音频并添加，如图3-6所示。

第六种方法：在工具栏中点击【音频】|【音乐】|【导入音乐】|【来自文件】按钮，选择自己的本地音频（MP3格式）即可提取并添加，如图3-7所示。

（富索索的小提示：当您想添加一首好听的背景音乐却不知道歌曲名字时，第四、第五种方法很好用，快去试试吧）

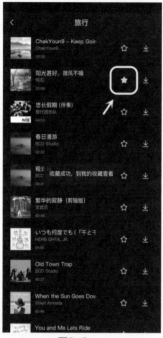

图3-2

图3-3

图3-4

图3-5

图3-6   图3-7

第25招　添加音效

　　好听合适的音效可以让视频提升一个等级，合理地运用音效不仅可以丰富视频的层次感，还能增强视频的质感。剪映当中也有丰富的"音效库"可供使用，添加方法如下。

01 导入视频，点击工具栏中的【音乐】|【音效】按钮，如图3-8所示。

图3-8

02 点击界面中不同的音效分类，如"笑声""综艺""机械"等，点击音效右侧的【使用】按钮，即可将其添加至轨道中，如图3-9所示。

图3-9

03 点击界面中的【搜索】按钮，也可直接搜索需要的音效并添加至轨道，如图3-10所示。

04 常用的音效，点击音效右侧的星星图标，即可收藏，所有收藏的音效都保留在"收藏"分类下，如图3-11所示。

图3-10

图3-11

第26招　秀出你的好声音

　　当视频中需要导入自己的配音音频时，有两种方法可供使用。第一种方法是剪映中的"录音"功能，可以现场录制导入；第二种方法是第24招讲到的"提取音乐"功能，操作步骤如下。

方法一：

① 导入一段视频，将时间轴移至需要添加配音的位置，点击工具栏中的【音乐】|【录音】按钮，如图3-12所示。

图3-12

② 点击或长按中间的【麦克风】按钮，即可进行录制，释放按钮，即可停止录音，如图3-13所示。需要注意的是，当我们录制人声时，最好处在安静、没有回音的环境中，以达到最好的录制效果。

图3-13

方法二：

① 打开手机相机，先录制一段录音视频。

② 在剪映APP中，点击工具栏中的【音频】|【音乐】|【导入音乐】|【提取音乐】按钮，选择录制好的录音视频，即可提取视频中的音频至轨道。

（富索索的小提示：当我们录制配音时，戴上麦克风效果会更好，在录音时，嘴巴需与麦克风保持一定距离，防止"喷麦"）

3.2 音频的处理方法

当我们在剪辑轨道中导入了音频，常需要对音频进行调整，以便音乐能和视频内容更好地融合，提升视频整体质感。本节系统讲解音频的处理方法，一起来学习吧。

第27招 音量调节

音乐的声音过大或过小都会影响视频的观感，调节音量是最基本的功能，操作步骤如下。

① 我们导入音乐之后，时间线区域会出现一条音频轨道，如图3-14所示。

② 选中音频素材进入其二级工具栏后，点击【音量】按钮，滑动调节数值，可调节音频的音量大小，如图3-15所示。

图3-14

图3-15

第28招 音频分割

剪辑中常需要对音乐长短进行调整，除了视频可分割，音频同样也可分割，操作步骤如下。

① 将时间轴移至音乐需要分割的位置，选中音频素材，点击【分割】按钮，即可分割音乐，如图3-16所示。

② 选中音频轨道中的后半段素材，点击工具栏中的【删除】按钮，即可删除音频中不需要的部分，如图3-17所示。

图3-16   图3-17

③ 当选中音频轨道时，按住并左右拖动音频条两端的"小白框"也可调整该音频的长短。

第29招 淡入淡出

当我们调整音乐的"音量"时，整段音乐的音量都会被提高或降低，导致音乐进出场时略显突兀，此时，为背景音乐添加 "淡入"和"淡出" 效果，会让视频的开始与结束均有一个自然的过渡，有效降低突兀感，操作步骤如下。

① 选中音频素材，点击工具栏中的【淡化】按钮，如图3-18所示。

图3-18

⑫ 通过拖动"淡入时长"和"淡出时长"滑块，分别调节音量淡化的持续时间，如图3-19所示。

图3-19

第30招 音频变速

　　音频素材也可以进行变速处理，让其播放速度加快或者放慢。常用在调整配音中说话过快或过慢的情况，操作步骤如下。

⑪ 选中音频素材，点击工具栏中的【变速】按钮，如图3-20所示。

图3-20

⑫ 通过左右滑动调节数值，可调节音频的播放速度，选择0.1x～0.9x即慢倍速播放，选择1.1x～100x即快倍速播放，如图3-21所示。

图3-21

（富索索的小提示：一般情况下，调整配音播放速度时，调整至1.1x～1.2x即合适）

第31招　变声处理

　　想必大家在刷短视频时，一定刷到过很多搞怪的变声效果，给音频原声进行变声处理，可在一定程度上强化人物情绪，增加视频趣味性。变声在剪映中就能做到，操作步骤如下。

① 选中音频素材，点击工具栏中的【变声】按钮，如图3-22所示。

图3-22

② 进入变声编辑界面，即可看到"基础""搞笑""合成器""复古"等分类，如图3-23所示。

③ 根据需要选择其中一个音色，调节"音调""音色"数值至合适即可，如图3-24所示。

49

图3-23

图3-24

第32招　节拍处理

　　当制作一个音乐卡点视频时，视频画面与音乐节奏相匹配是关键，若一边标记音乐节奏，一边调整视频画面会很麻烦，此时我们可以使用剪映中的"节拍"功能给音乐标记节奏点，此功能不仅支持手动标记节奏点，还能快速分析音乐，自动生成节奏标记点，非常好用。以下讲解"手动踩节拍"和"自动踩节拍"的操作步骤。

1. 手动踩节拍

01 在轨道区域中添加音乐素材后，选中音乐素材，点击底部工具栏中的【节拍】按钮，如图3-25所示。

图3-25

02 在打开的节拍选项栏中，将时间轴移至需要进行标记的时间点，然后点击【添加点】按钮，即可在时间轴所处位置添加一个黄色标记，如图3-26所示。

图3-26

03 如果对添加的标记点不满意，可以将时间轴移至标记位置，原本是"添加点"的提示变成了"删除点"，点击【删除点】按钮，即可删除该标记，如图3-27所示。

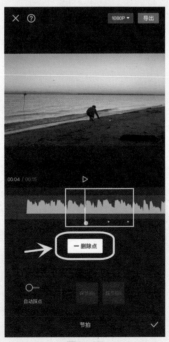

图3-27

04 添加好节拍后，此时在音频轨道中可以看到添加的黄色标记点，如图3-28所示。根据标记点所在位置，可更方便地对视频进行剪辑。

图3-28

2．自动踩节拍

① 选中音乐素材，点击底部工具栏中的【节拍】按钮，如图3-29所示。

图3-29

② 点击【自动踩点】按钮，右侧会出现"踩节拍I""踩节拍II"两个选项，如图3-30所示。

图3-30

⑬ 点击【踩节拍I】按钮，上方音频跳出自动出现黄色标记点，如图3-31所示。点击【踩节拍II】按钮，出现的黄点标记点较为密集，如图3-32所示。根据实际需要，选择其一即可。

图3-31

图3-32

⑭ 添加好节拍后，此时在音频轨道中可以看到添加的黄色标记点，如图3-33所示。

（富索索的小提示：相较于手动踩点功能，自动踩点功能更为高效、准确，制作音乐卡点视频推荐使用"自动踩点"功能）

图3-33

第33招 实训案例：动感音乐卡点视频制作方法

　　本章学习了背景音乐的添加和使用方法，结合前几章的内容，下面一起来做一个动感音乐卡点视频，操作步骤如下。

01 打开剪映APP，导入多段日常视频/照片等素材，如图3-34所示。

图3-34

⓿⓶ 将时间轴移至视频起始位置，点击工具栏中的【音频】│【音乐】按钮，在界面上方分类中点击
【卡点】按钮，如图3-35所示，进入其分类下，选择一首喜欢的音乐导入轨道中。

图3-35

⓿⓷ 选中音乐素材，点击下方工具栏中的【节拍】按钮，如图3-36所示，点击【自动踩点】│【踩节
拍I】按钮，音频轨道中会自动生成黄点节奏标记点，如图3-37所示。

图3-36

图3-37

⓿⓸ 接下来需要调整每段视频的时长和黄色标记点对齐，选中第一段视频，按住视频右端的"小白
框"往前拖移，视频结尾与第二个黄色标记点对齐，如图3-38所示。

图3-38

⑤ 调整之后的每段视频的视频结尾与下方的黄色标记点对齐，如图3-39所示。

图3-39

⑥ 选中音乐素材，点击工具栏中的【淡化】按钮，如图3-40所示。设置音乐的"淡入时长"和"淡出时长"，如图3-41所示。

　　为了让画面更丰富，大家也可以结合运用前几章的内容，给视频添加文字、贴纸等装饰，一个简单的音乐卡点视频就做好了，快去试试吧。

图3-40

图3-41

本章小作业

嗨，同学，知晓了剪映中添加背景音乐和音频的处理方法，来跟练一遍吧。

作业要求如下：

导入一段视频，通过"录音"导入自己的配音，并尝试变声效果。

制作一段动感音乐卡点视频。

第4章
素材画面的另类调整

    在剪映中，除了能对素材画面进行大小、比例、镜像、旋转等基础调整，还可以为素材增加"定格""倒放""动画"等效果，不仅可以增强视频的艺术感和视觉效果，还能够让观众更加深入地理解视频中所传达的信息。本章将介绍视频定格、倒放、添加动画的操作方法，希望能够帮助大家更好地掌握这些技术，创作出有趣的视频作品。

第34招　视频"定格"

    "定格"功能可以将一段视频的某一帧画面单独提取出来，使其成为一张图片，可单独进行处理，起到突出某个瞬间的效果，操作步骤如下。

① 导入一段视频素材，将时间轴移至需要"定格"的位置，如图4-1所示。

② 选中素材，点击下方工具栏中的【定格】按钮，如图4-2所示。

图4-1

图4-2

③ 点击"定格"按钮后，视频这一帧画面会被单独提取出来，即时间轴右侧出现一段时长为3s的静态图片，如图4-3所示。

④ 剪映中画面定格时长默认为3s，也可自行调整其时长，图4-4所示为调整时长为2s后的素材效果。

图4-3

图4-4

第35招 视频"倒放"

　　一般正常的视频都是按照时间从前往后顺序播放，而"倒放"功能可以让视频从后往前播放。当我们想表达时光倒流，或做一些"鬼畜"搞怪视频时，就可以用到"倒放"功能，操作步骤如下。

01 导入一段视频素材，选中视频，点击底部工具栏中的【倒放】按钮，如图4-5所示。

图4-5

02 稍等片刻等待系统倒放操作，如图4-6所示。

03 原视频第一帧画面现已变成原视频最后一帧画面，即倒放完成，如图4-7所示。

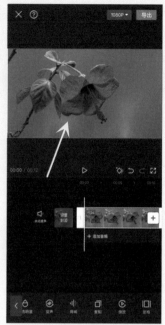

图4-6   图4-7

第36招　视频"动画"

　　提到"动画"功能，在剪映APP中，不仅文字、贴纸等可以添加动画效果，素材片段同样也可以添加动画效果，它所体现的是所选素材片段出现及消失的"动态"效果，应用在视频中可以让画面更具动感，操作步骤如下。

01 选中需要添加"动画"效果的素材片段，点击下方工具栏中的【动画】按钮，如图4-8所示。

02 根据需要增加"入场动画""出场动画""组合动画"，如图4-9所示。

图4-8   图4-9

⓷ 以"入场动画"为例，点击其下各效果可进行预览。通过滑动最下方的"动画时长"滑块，可调整该动画的作用时间，如图4-10所示。当"动画时长"较短时，画面变化节奏会更快，更容易营造视觉冲击力；"动画时长"较长时，画面变化相对缓慢，适合比较轻松悠然的画面氛围。

⓸ "组合动画"的效果会贯穿在这段素材中，可通过调整"动画时长"来调节该动画的快慢效果，如图4-11所示。

图4-10

图4-11

第37招 实训案例：定格成立体相册

本章学习了视频"定格"使用方法，学以致用，下面一起来做一个有趣的定格立体相册视频，效果如图4-12和图4-13所示，操作步骤如下。

图4-12

图4-13

⓵ 在剪映中导入一段视频素材，将时间轴移至需要定格的位置，如图4-14所示。

⓶ 选中视频素材，点击下方工具栏中的【定格】按钮，如图4-15所示。

图4-14

图4-15

03 选中定格的图片素材，点击下方工具栏中的【抖音玩法】按钮，如图4-16所示。

04 在分类中选择【分割】|【立体相册】选项，如图4-17所示。

图4-16

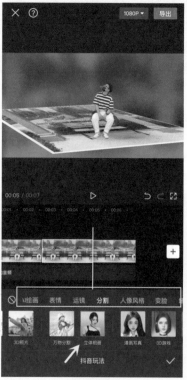

图4-17

05 点击"删除"按钮，删除素材后半段不需要的部分，如图4-18所示。

图4-18

06 点击【音频】|【音效】按钮，如图4-19所示。搜索"拍照声"的音效添加至轨道中，并将该音效移至视频分割处，如图4-20所示。

图4-19

图4-20

视频定格成立体相册的效果就完成了，可导入多段素材，用上述同样的方法制作多个立体相册的视频。针对素材中的图片，工具栏中的"抖音玩法"还有很多其他有趣的效果，可以多尝试看看。

本章小作业

嗨，同学，知晓了剪映的"定格""倒放""动画"功能，来跟练一遍吧。

作业要求如下：

在剪映中导入一段视频素材，尝试视频倒放效果。

制作一段定格立体相册视频。

软件进阶篇

第5章
调色

视频调色和美化是视频后期制作中不可或缺的一环，通过对画面的亮度、饱和度、对比度等参数进行调整，使画面更加生动。好的视频调色不仅可以增强观众的视觉体验，还能更好地传达信息，让观众融入到视频的场景里感受视频所带来的情感色彩。但是每个人调出的色调都不一样，具体的色调还得看个人的感觉，本章将介绍调色的方法和操作步骤，希望能帮助大家快速掌握视频调色技巧，创作出满意的短视频。

第38招　了解调节参数

可能大家在很多视频课程听到过"一级调色""二级调色"的说法，在一级调色中，主要针对素材的曝光、色彩、画面细节进行调整，还原视频画面原本的面貌；二级调色则是在一级调色的基础上，对素材进行风格化处理。

在调色之前，我们需要先了解剪映中各调色参数分别有什么作用，目前共有14个调节参数，图5-1和图5-2所示为其中部分参数。

图5-1　　　　　　　　　　　　　图5-2

亮度：整体画面的亮度，参数越高，画面越明亮，但是参数过高会导致画面变得发白。

对比度：画面的明暗反差，参数越高，画面亮的地方越亮，暗的地方越暗。

饱和度：画面颜色的鲜艳程度，参数越高，画面色彩越鲜艳。

光感：增强画面亮度，参数越高，画面越亮，但是跟"亮度"不同的是适当增加光感画面不会变得发白。

锐化：补偿图像的轮廓，参数越高，画面更锐利、更清晰，但是参数过高会导致画面出现很多噪点，影响整体视频质感。

高光：影响视频画面中较亮的区域，参数越高越亮，有利于调节视频画面亮度过曝的情况。

阴影：影响视频画面中较暗的区域，参数越高，可让暗处的细节更明显。

色温：越往左，画面颜色越接近白色或蓝色，画面倾向于冷色调；越往右，画面颜色越接近黄色或红色，画面倾向于暖色调。

色调：画面的基本色调。越往左，画面越偏绿，越往右，画面越偏洋红。

褪色：让画面的颜色失去鲜艳，参数越高，画面越偏灰偏暗淡。

暗角：让画面的四个角变黑，参数越高，四周阴影越明显。

颗粒：给画面中增加噪点，参数越高，噪点越多，颗粒感越重。

HSL：画面中色相、饱和度、亮度的调整。

曲线：调整视频中某个参数的变化趋势，例如亮度、对比度、饱和度等。

第39招　使用"调节"功能的两种方式

当我们在剪辑视频时，有时需要对某一段素材画面进行调节，有时需要对某段时间内的素材画面进行调节，以下有两种方式可供使用。

第一种：对某一段素材画面进行调节，操作步骤如下。

01 导入两段素材，选中要调节的素材，点击下方工具栏中的【调节】按钮，如图5-3所示。

图5-3

02 根据实际需要，对下方各参数进行调节，如图5-4所示。

03 调节完成之后，轨道中看似没有任何变化，如图5-5所示，但实际上该素材画面已做调节。

第二种：对某段时间内素材画面进行调节，操作步骤如下。

01 导入两段素材，在不进行任何操作的情况下，点击下方工具栏中的【调节】按钮，如图5-6所示。

02 根据实际需要，对下方各参数进行调节，如图5-7所示。

03 调节完成之后，此时轨道中会生成一条"调节轨道"，如图5-8所示。

04 根据需要调整"调节轨道"的时长，即可同时调节该时间段内对应素材的画面，如图5-9所示。

图5-4

图5-5

图5-6

图5-7

图5-8 图5-9

扫码看
视频教学

第40招 巧用滤镜一键调色

"调节"功能需要我们手动调整各参数才能实现不同的色彩效果,在剪映中,我们也可以直接套用"滤镜"功能实现一键调色。所谓"滤镜",我们可以理解为剪映自带的各种"预设",用来实现图像的各种特殊效果,这种"预设"已将各项参数都设置好,无须我们手动调节,添加不同的滤镜,就会直接显示不同的色调。

剪映中目前共有11种滤镜分类,其分类下还有不同效果的细分,如图5-10和图5-11所示。

图5-10 图5-11

当我们在剪辑视频时,同样有时需要对某一段素材画面添加滤镜效果,或需要对某段时间内的素材画面添加滤镜效果,方法与5.2节讲到的"调节"方式一致。

第41招 实训案例:巧用HSL制作"玫瑰花单独显色"

在剪映的调节功能中,其中有一项是"HSL",其下共有8种颜色范围,如图5-12所示。HSL是一项直观的色彩表示方法。它有什么作用呢?所谓HSL调色,即针对画面中各色彩的色相(Hue)、饱和度(Saturation)、亮度(Lightness)进行调整的功能,可能很多人对于HSL调色还不太熟悉,下面以"玫瑰花单独显色"为例来学习,操作步骤如下。

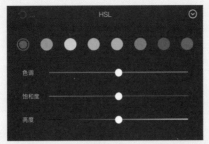

图5-12

① 导入一段视频素材，选中素材，点击下方工具栏中的【调节】按钮，如图5-13所示。

② 进入调节界面，点击【HSL】按钮，进入调节面板，如图5-14所示。

图5-13

图5-14

③ 调节面板中的颜色分别对应视频画面的颜色，若只想留下玫瑰花的红色，那就需要保留红色，将其他7个色块的"饱和度"向左调，即将其他颜色变成黑白。例如点击第二个橙色圆点，将"饱和度"滑块滑至最左边，如图5-15所示，此时画面中原本橙色的部分即变黑白。

图5-15

④ 将其他几个色块圆点的"饱和度"都滑至最左边，此时画面中便只保留了玫瑰的红色部分，如图5-16所示。

图5-16

⑤ 点击第一个红色圆点，将"饱和度"向右滑至26，如图5-17所示，可让玫瑰的颜色更饱和鲜艳，玫瑰花单独显色的效果即完成。

图5-17

（富索索的小提示：用HSL调色也可以让您的衣服瞬间换颜色，不过最好是纯色的衣服，很有趣，可以试试看）

软件进阶篇

第42招　实训案例：巧用滤镜制作"韦斯·安德森风格调色"

　　有一种短视频拍摄风格可谓风靡全球，它就是"韦斯·安德森风格调色"，想必大家在抖音也刷到过。韦斯·安德森（Wes Anderson）是美国的电影导演、编剧和制片人，他的电影色调通常非常鲜艳，色彩搭配十分突出。在剪映APP中，我们可直接套用滤镜，一键实现"韦斯·安德森风格"，非常方便，操作步骤如下。

01 导入多段视频，将时间轴移至视频起始处，在不进行任何操作的情况下，点击下方工具栏中的【滤镜】按钮，如图5-18所示。

图5-18

02 选择【影视级】|【韦斯】效果，如图5-19所示。

图5-19

⑬ 滑动界面下方数值可调整滤镜的力度强弱，通常情况下调至85即可，如图5-20所示。

图5-20

⑭ 添加滤镜之后，轨道中会出现一条滤镜轨道，此时该滤镜效果只作用于第一段视频，如图5-21所示。

图5-21

⑮ 选中滤镜轨道，按住滤镜轨道的右侧"小白框"拖至视频结尾，滤镜时长与视频时长一致时，即该滤镜作用于全部视频，如图5-22所示。

⑯ 最后可根据实际需要细调画面各参数。

图5-22

（富索索的小提示：在这里不得不提，"对称"是韦斯·安德森的一大特色，他执掌的电影中，无一例外都有着近乎强迫症的构图美学，所以我们想模仿"韦斯·安德森风格"，在拍摄构图上可采用"对称构图""框架构图""三角形构图"等）

本章小作业

嗨，同学，知晓了剪映的调色功能，来跟练一遍吧。

作业要求如下：

导入视频素材，打开调节，调整每一个参数，观察其实际效果。

制作一段风格化滤镜视频，例如本章案例"韦斯·安德森风格调色"。

第6章
关键帧，真关键！

相信稍微了解视频剪辑的同学一定听说过"关键帧"，它可是剪辑中既高效又有趣的功能之一。在视频剪辑中，关键帧（Keyframe）是指在视频时间轴上的一个关键点，它标记了视频中某个属性的特定值。这个属性可以是图像的位置、大小、透明度、旋转、颜色等。

例如在剪映APP中，如果您想使一个图像元素从左侧移动到右侧，您需要在开始位置设置一个位置关键帧，然后在结束位置设置另一个位置关键帧，剪映会自动在这两个关键帧之间创建一个平滑的运动路径，使图像元素沿着这条路径平滑移动。使用关键帧可以使视频剪辑变得更加生动、有趣。不过，关键帧的设置也需要一定的技巧和经验，本章将介绍剪映中关键帧的添加和使用方法。

我们在剪映中导入视频素材后，并不能直接看到关键帧的选项，如图6-1所示，需选中视频，关键帧的选项◇才会显示出来，如图6-2所示。

图6-1

图6-2

第43招　使用关键帧记录视频素材的大小变化轨迹

用关键帧记录视频素材变化轨迹，具体操作步骤如下。

01 导入一段视频素材，将时间轴移至视频起始处，选中视频，此时界面中间的关键帧◇图标亮起，如图6-3所示。

02 点击【关键帧】按钮◇，此时可以看到在视频轨道上同时生成了一个关键帧的图标，如图6-4所示，该关键帧记录了视频素材在这一帧的信息。

03 将时间轴移至视频2s处，在预览区域双指将视频放大，如图6-5所示。

04 此时可以看到在视频轨道上自动生成了第二个关键帧，如图6-6所示，该关键帧记录了视频素材在2s处这一帧的信息。

图6-3

图6-4

图6-5

图6-6

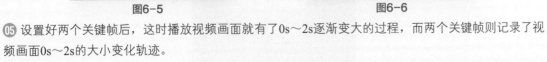

05 设置好两个关键帧后，这时播放视频画面就有了0s～2s逐渐变大的过程，而两个关键帧则记录了视频画面0s～2s的大小变化轨迹。

06 将时间轴移至关键帧处，此时界面中间【关键帧】图标变为 ◇，点击该图标即可删除该关键帧，如图6-7所示。

图6-7

第44招　使用关键帧记录音频素材的音量变化轨迹

用关键帧记录音频素材的音量变化轨迹，具体操作步骤如下。

01 为视频添加一段音乐，将时间轴移至视频起始处，选中音乐素材，此时界面中的关键帧 图标亮起，如图6-8所示。

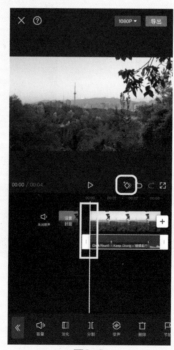

图6-8

⓿❷ 点击【关键帧】按钮 ▧，此时音频轨道上同时生成了一个关键帧的图标，如图6-9所示，之后点击下方工具栏中的【音量】按钮。

图6-9

⓿❸ 将音量调为0，如图6-10所示。

图6-10

⓿❹ 将时间轴移至视频2s处，再点击【音量】按钮，将音量调回100，如图6-11所示。

图6-11

05 此时可以看到在音频轨道上自动生成了第二个关键帧，如图6-12所示，该关键帧记录了音频素材在2s处这一帧的音量信息。

图6-12

06 设置好两个关键帧后，这时音频就有了0s～2s音量逐渐变大的过程。同样，也可以在不同位置设置关键帧之后调节音量，制作音频音量忽大忽小的渐变效果。

第45招　使用关键帧记录贴纸素材的移动轨迹

　　用关键帧记录贴纸素材的移动轨迹，具体操作步骤如下。

01 在剪映中先导入一张天空图片，将时间轴移至视频起始处，点击下方工具栏中的【贴纸】|【添加贴纸】按钮，如图6-13所示。

图6-13

02 进入贴纸界面，搜索"飞机"，如图6-14所示，选一个合适的贴纸添加至轨道中。

图6-14

03 将时间轴移至贴纸起始处，选中贴纸轨道，点击【关键帧】按钮 ，并在预览区域双指将贴纸缩至合适大小，移到视频中"A"点位置，如图6-15所示。

图6-15

04 将时间轴移至视频结尾处，将贴纸移至"B"点位置，轨道中关键帧会自动生成，如图6-16所示。此时贴纸就有了从"A"点移动至"B"的效果，此两个关键帧即记录了贴纸的移动轨迹。

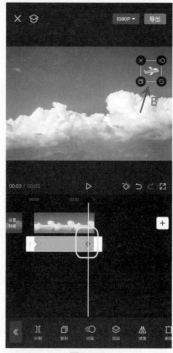

图6-16

软件进阶篇

第46招　使用关键帧记录素材的调节变化轨迹

用关键帧记录视频/图片素材的调节变化轨迹，具体操作步骤如下。

01 在剪映中导入一段视频素材，双指将时间线拉长，将时间轴移至视频1s处，连续添加三个关键帧，如图6-17所示。

图6-17

02 将时间轴移至第二个关键帧处，点击工具栏中的【调节】按钮，如图6-18所示。

图6-18

⑬ 进入调节界面，将"亮度"调为50，"光感"调为50，如图6-19所示。

图6-19

⑭ 返回主界面，预览视频，画面即有了瞬间闪屏的效果，此三个关键帧即记录了视频的调节变化轨迹。

第47招　使用关键帧记录素材的滤镜强度变化轨迹

用关键帧记录视频/图片素材的滤镜强度变化轨迹，具体操作步骤如下。

⑬ 在剪映中导入一段视频素材，选择工具栏中的【滤镜】|【黑白】|【默片】效果，如图6-20所示。此时时间线中会出现一条滤镜轨道。

图6-20

02 选中滤镜轨道，将时间轴移至滤镜起始处，点击一个关键帧 ，并点击工具栏中的【编辑】按钮，如图6-21所示。

图6-21

03 进入滤镜编辑界面，将滤镜强度调为0，如图6-22所示。此时画面为初始颜色。

04 将时间轴移至滤镜末尾处，再次点击工具栏中的【编辑】按钮，将滤镜强度调为100，如图6-23所示。

图6-22

图6-23

05 返回主界面，预览视频，画面即有了从彩色逐渐变为黑白的效果，这两个关键帧记录了视频的滤镜强度变化轨迹。

在剪映中，除视频、音频素材可设置关键帧，贴纸、文字、特效等也可以设置关键帧，通过组合运用，可制作电影感滑动字幕片尾，效果如图6-24所示，用在Vlog等视频的结尾效果不错，具体操作步骤如下。

图6-24

01　导入一段视频，点击下方工具栏中的【比例】按钮，将视频比例调为16:9，如图6-25所示。

02　选中视频素材，将时间轴移至视频起始处，点击添加一个【关键帧】，如图6-26所示。

图6-25

图6-26

03　将时间轴移至视频3s处，在预览区域双指将视频缩小移至画面左上方，此时视频轨道中自动形成一个关键帧，如图6-27所示，这两个关键帧记录了视频的变化轨迹。

04　再将时间轴移至视频起始处，点击下方主工具栏中的【文本】|【新建文本】按钮，输入需要的文字，并调整好文字的字体样式等，如图6-28所示。

软件进阶篇

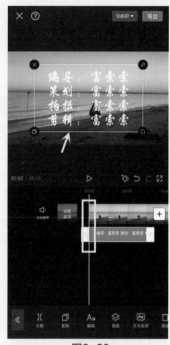

图6-27   图6-28

05 将文字轨道拉长与视频对齐，将时间轴移至2s处，选中文字轨道，点击添加一个【关键帧】，并在预览区域将文本适当缩小，移至视频右下方画面外，如图6-29所示。

06 将时间轴再移至视频结尾处，此时将文本垂直移至画面右上方，此时文字轨道中自动形成一个关键帧，如图6-30所示。这两个关键帧记录了文字的移动轨迹。

图6-29   图6-30

07 将时间轴再移至视频5s处，点击下方主工具栏中的【贴纸】按钮，搜索"电影感"字样，如图6-31所示，选择喜欢的贴纸添加至轨道。

第6章 关键帧，真关键！

85

⑧ 拉长贴纸轨道与视频对齐，选中贴纸，在贴纸轨道起始处点击添加一个【关键帧】，并在预览区域将贴纸适当调整大小，移至文本下方，如图6-32所示。

图6-31

图6-32

⑨ 将时间轴再移至视频结尾处，此时将贴纸跟随移至文字下方，此时贴纸轨道中自动形成一个关键帧，如图6-33所示。这两个关键帧记录了贴纸的移动轨迹。"电影感滑动字幕片尾"效果即完成，如图6-34所示。

图6-33

图6-34

本章小作业

嗨，同学，知晓了剪映中"关键帧"的基本功能，来跟练一遍吧。

作业要求如下：

在剪映中导入视频素材、音频素材，分别添加关键帧进行练习。

制作一段"电影感滑动字幕片尾"。

第6章 关键帧，真关键！

第7章
画中画和蒙版

说到手机剪辑中如何让画面更丰富，做出更多好看且有趣的效果，这就要讲到"画中画"和"蒙版"功能了。"画中画"是一种视频内容呈现方式，是指视频全屏播出时，画面中可同时播出多段视频。而"蒙版"一词本身来自生活应用，可以简单理解为"蒙住画面的板子"，既可显示画面也可遮盖画面，在做很多炫酷画面效果时常需要用到蒙版和画中画组合应用功能。本章将介绍剪映中"画中画"和"蒙版"的使用方法，帮助大家创作出更具创造性的短视频。

7.1 何为画中画

"画中画"功能可以在同一屏画面中同时呈现多个不同画面，让观众获得更多画面信息，在视频剪辑中运用非常广泛，对于丰富画面内容、多角度展示画面信息，有着不可替代的作用。下面讲解在剪映中添加"画中画"的两种方式。

扫码看
视频教学

第49招　添加画中画的第一种方法

添加画中画的第一种方法，操作步骤如下。

①　导入一段视频素材，在不进行任何操作的情况下，点击下方工具栏中的【画中画】按钮，如图7-1所示。

②　点击【新增画中画】按钮，即可导入新的视频素材，如图7-2所示。

图7-1

图7-2

⑬ 此时新添加的视频素材会覆盖主视频素材，且轨道中多了一条画中画视频轨道，如图7-3所示。

图7-3

第50招　添加画中画的第二种方法

　　添加画中画的第二种方法，操作步骤如下。

⑴ 导入两段视频素材，选中第二段视频素材，点击下方工具栏中的【切画中画】按钮，如图7-4所示。

图7-4

⑵ 切入后第二段视频素材被置于画中画轨道中，如图7-5所示。

⑬ 单指按住画中画视频素材向前拖动即可，此时轨道中就是上下两个视频图层，且画中画轨道的视频素材会覆盖主视频素材，如图7-6所示。

图7-5

图7-6

第51招　实训案例：多个视频同时显示

　　知晓了添加画中画的两种方法后，我们来尝试制作多个画面同时显示的视频，剪映当中也有非常人性化的"分屏排版"功能，可帮助我们节省视频导入之后调节视频大小和间距的时间，操作步骤如下。

① 打开剪映APP，点击【开始创作】按钮，进入素材筛选页面，同时选中四段素材，点击下方的【分屏排版】按钮，如图7-7所示。

② 点击下方的【布局】按钮，选择合适的排版模式，如图7-8所示。

图7-7

图7-8

03 点击下方的【比例】按钮，选择需要的视频比例，如图7-9所示，之后点击右上方的【导入】按钮，即可将四段视频素材按排版导入至轨道，如图7-10所示。

图7-9

图7-10

04 点击下方工具栏中的【画中画】按钮后，即可看到画中画轨道中全部素材，如图7-11所示。

05 若需要调节其中某个视频素材，点击选中该视频轨道即可，如图7-12所示。

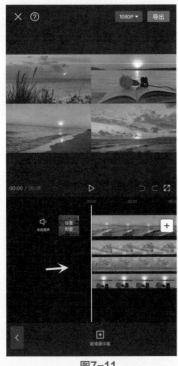
图7-11

图7-12

06 图7-13所示为调节每个视频大小后的示意图。

图7-13

（富索索的小提示："分屏排版"可以帮我们有效节省排版时间，如果您的剪映当中没有这个功能，记得更新剪映到最新版本）

7.2 关于蒙版

第52招 认识6种蒙版

当我们剪辑视频时，有时只需要显示画面的某个部分，遮住另一部分，这时我们就可以用到"蒙版"功能，以下讲解剪映中"蒙版"的种类以及使用方法。

目前剪映当中共有6种蒙版，分别是"线性""镜面""圆形""矩形""爱心""星形"，如图7-14所示。

扫码看
视频教学

图7-14

线性蒙版：将画面一分为二，黄线以上为显示区，黄线以下为遮挡区，如图7-15所示。单指按住黄线上下拖动可调节显示区的位置；双指旋转黄线，可调节显示区的角度，如图7-16所示。

镜面蒙版：将画面三等分，中间为显示区，上下两边为遮挡区，如图7-17所示。双指按住黄线两边可放大或缩小显示区的位置以及调节角度；单指按住显示区中间任何位置拖动，可移动显示区位置，如图7-18所示。

图7-15

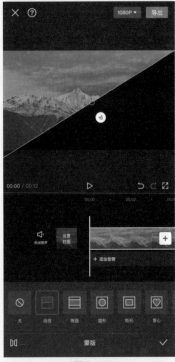

图7-16

图7-17

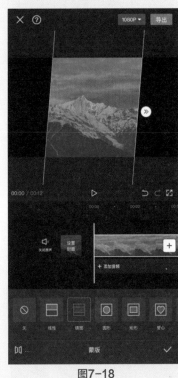

图7-18

　　圆形蒙版：显示区变为圆形，其余部分被遮挡，如图7-19所示。双指按住圆形黄线可放大或缩小显示区的位置；按住上下箭头图标可调节显示区角度；单指按住显示区中间任何位置拖动，可移动显示区位置，如图7-20所示。

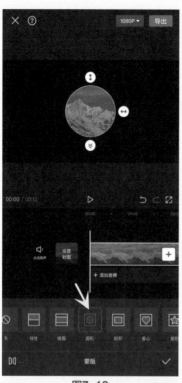

图7-19

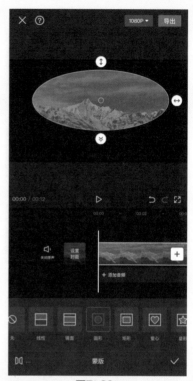

图7-20

矩形蒙版：显示区变为矩形，其余部分被遮挡，如图7-21所示。双指按住矩形黄线可放大或缩小显示区的位置；按住上下箭头图标可调节显示区角度；单指按住显示区中间任何位置拖动，可移动显示区位置，拉动左上角的 ■ 图标，可设置边框的圆角，如图7-22所示。

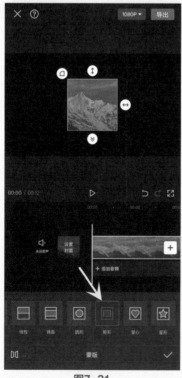

图7-21

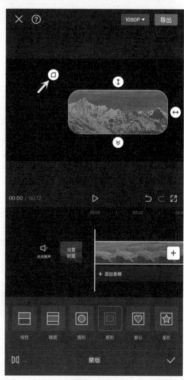

图7-22

爱心蒙版：显示区变为心形，其余部分被遮挡，如图7-23所示。双指按住心形黄线可放大或缩小显示区的位置以及调整角度；单指按住显示区中间任何位置拖动，可移动显示区位置，如图7-24所示。

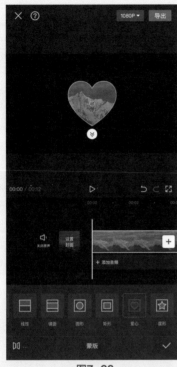

图7-23

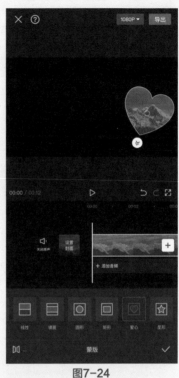

图7-24

星形蒙版：显示区变为星形，其余部分被遮挡，如图7-25所示。双指按住星形黄线可放大或缩小显示区的位置；单指按住显示区中间任何位置拖动，可移动显示区位置，如图7-26所示。

图7-25

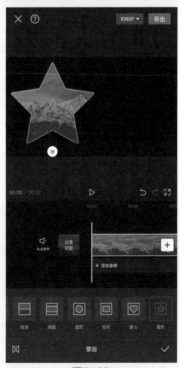

图7-26

中心轴和羽化：蒙版黄线中间的小圆圈为中心轴，按住移动可改变蒙版的中心位置。下方的 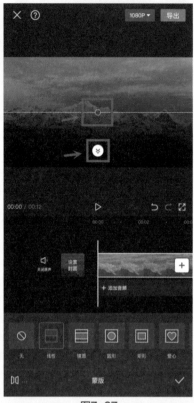 图标为羽化按钮，按住拖动可使画面有渐显效果。以线性蒙版为例，如图7-27所示。

反转：当我们需要将显示区和遮挡区互换位置时，点击左下角的 ⬛ （反转）按钮即可，如图7-28所示。

图7-27

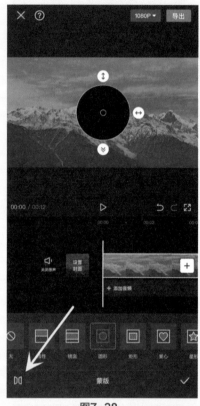

图7-28

（富索索的小提示：如果对添加的蒙版不满意，在蒙版选项里点击【无】 ⬛ 图标，即可删除该蒙版）

第53招　实训案例：视频从黑白渐变为彩色

视频从黑白渐变彩色的效果如图7-29和图7-30所示，主要使用剪映中画中画、滤镜、蒙版、关键帧等功能的组合应用，方法不难，具体的操作步骤如下。

图7-29

图7-30

① 在剪映中，导入一段视频素材，选中该素材，点击下方工具栏中的【滤镜】按钮，如图7-31所示。

② 给视频添加滤镜，选择【黑白】|【蓝调】效果，将滤镜强度调至100，如图7-32所示。

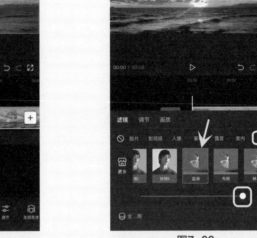

图7-31　　　　　　　　　　图7-32

03 将时间轴移至视频起始处，点击工具栏中的【画中画】|【新增画中画】按钮，导入同一段素材，如图7-33所示。

04 将素材放大至全屏，在视频起始处点击【关键帧】按钮，之后点击工具栏中的【蒙版】按钮，如图7-34所示。

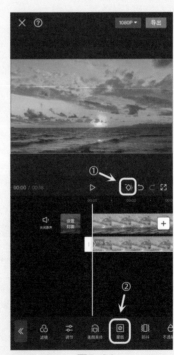

图7-33　　　　　　　　　　图7-34

05 选择【圆形】蒙版，并将蒙版缩至最小，移至合适位置，如图7-35所示。

06 此时不要关闭蒙版工具栏，直接向后拖动时间轴至4s处，按住蒙版的 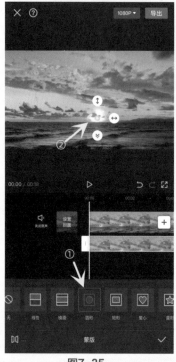 （羽化）按钮拖动少许，之后双指放大蒙版至全屏，如图7-36所示。

图7-35

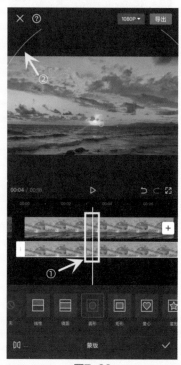
图7-36

07 此时画中画轨道中自动出现一个关键帧图标，如图7-37所示，这两个关键帧记录了蒙版的变化轨迹。视频从黑白渐变到彩色的效果即完成。

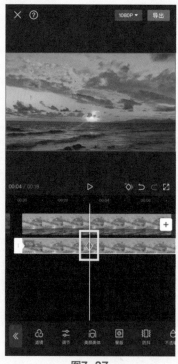
图7-37

本章小作业

嗨，同学，知晓了剪映中的"画中画"和"蒙版"基本功能，来跟练一遍吧。

作业要求如下：

在剪映中导入三段视频素材，制作三段视频同屏显示的效果。

制作一段视频黑白渐变彩色的效果。

第8章
混合模式

　　剪映中的"混合模式"可以将同一时间点不同轨道中两个或多个视频层混合在一起，从而创建出特殊的画面特效，是比较常用的功能之一。本章将系统讲解"混合模式"的使用方法。

8.1　十种混合模式的操作原理

　　在剪映中，只有画中画轨道中的视频素材才会有"混合模式"的选项，而主视频是没有的。目前混合模式共有十种，如图8-1和图8-2所示。为方便理解，这十种混合模式按其作用效果可分为三大组，分别为"去亮组""去暗组""对比组"。

图8-1　　　　　　　　　　　　　　　　　　图8-2

第54招　去亮组

　　去亮组包含"变暗""正片叠底""线性加深""颜色加深"四种模式，如图8-3所示。其主要作用是留下视频中暗的部分，去掉亮的部分。

图8-3

第55招　去暗组

去暗组包含"滤色""变亮""颜色减淡"三种模式，如图8-4所示。其主要作用是留下视频中亮的部分，去掉暗的部分。

图8-4

第56招　对比组

对比组包含"叠加""强光""柔光"三种模式，如图8-5所示。其主要作用是让视频中亮的部分更亮，暗的部分更暗，对比感会更强。

图8-5

8.2　混合模式实训

第57招　实训案例：视频泼墨开场

泼墨开场的效果如图8-6和图8-7所示，主要使用剪映中画中画、混合模式等功能的组合应用，具体操作步骤如下。

图8-6

图8-7

⓵ 在剪映中导入一段视频素材，将时间轴移至视频起始处，点击下方工具栏中的【画中画】|【新增画中画】按钮，如图8-8所示。

⓶ 点击右上方的【素材库】按钮，搜索"泼墨素材"，如图8-9所示，选择一款素材，点击【添加】按钮导入轨道中。

图8-8

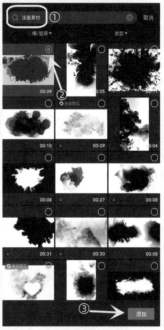

图8-9

⓷ 双指将素材放大至全屏，点击下方工具栏中的【混合模式】按钮，如图8-10所示。

⓸ 此素材我们需要去掉中间黑色暗的部分，保留白色亮的部分，可选择"去暗组"中的【滤色】模式，如图8-11所示。泼墨开场的效果即完成。

图8-10

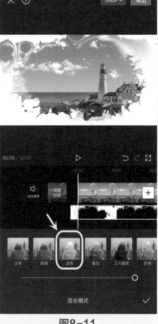

图8-11

第58招 实训案例：移动的镂空文字

移动镂空文字的效果如图8-12和图8-13所示，主要使用剪映中文本、画中画、混合模式、关键帧等功能的组合应用，看似复杂，其实操作并不难，具体操作步骤如下。

图8-12

图8-13

① 从剪映的素材库中导入一张黑色图片，将时间轴移至视频起始处，点击下方工具栏中的【文本】|【新建文本】按钮，输入需要的文字，如图8-14所示。

② 在文本编辑区域，调整喜欢的"字体"和"样式"，如图8-15所示。

图8-14

图8-15

③ 将文本轨道拉长至5s，将时间轴移至文字起始处，添加【关键帧】，并将文字放大至合适大小，如图8-16所示，之后将文字从画面右侧移出，如图8-17所示。

④ 将时间轴移至文字轨道结尾处，再将文字从右移至左边屏幕，直至最后一个文字露出，轨道中关键帧会自动形成，如图8-18所示。之后将该文字视频导出备用。

⑤ 重新导入一段视频素材，点击工具栏中的【画中画】|【新增画中画】按钮，导入刚才的文字视频，如图8-19所示。

第8章 混合模式

图8-16

图8-17

图8-18

图8-19

06 双指放大文字视频，点击工具栏中的【混合模式】按钮，如图8-20所示。

07 此文字视频我们需要去掉中间白色亮的部分，保留黑色暗的部分，可选择"去亮组"中的【正片叠底】模式，如图8-21所示。移动镂空文字的效果即完成。

图8-20

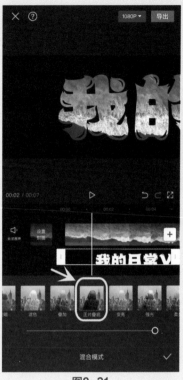

图8-21

本章小作业

嗨，同学，知晓了剪映中的"混合模式"功能，来跟练一遍吧。

作业要求如下：

在剪映素材库中搜索"菱形黑幕素材"，选一种，制作视频创意开场效果。

制作一段"移动的镂空文字"视频。

第8章　混合模式

第9章
转场

　　视频转场，简单来说是指视频场景与场景之间的过渡，它标志着一个片段的结束和下一个片段的开始。添加转场效果可以让视频衔接得更自然流畅，更有视觉冲击力，从而提升视频整体观感。剪映中包含大量的预设转场效果，通过简单的操作，可将不同的转场效果一键应用到自己的视频中，让视频更加生动有趣。当然，我们也可以根据需要，自定义特殊转场效果，增加视频的独特性。本章将介绍一键转场的方法和自定义特殊转场的操作方法，希望能够帮助大家更好地掌握这些技术，创作出有趣的短视频。

第59招　一键转场：视频倒影转场效果

　　在剪映中，目前共有13种预设转场分类，如图9-1和图9-2所示。根据视频的需要，选择合适的转场效果即可。当我们的素材片段较多时，也可点击工具栏中的【全局应用】按钮，即所有的片段之间都会统一添加相同的转场效果，这样就不用在每个视频片段之间反复操作，省时又省力。下面来具体介绍剪映中一键添加转场效果的方法。

 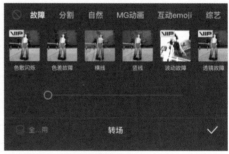

图9-1　　　　　　　　　　　　　　　　　　图9-2

　　视频倒影转场的效果如图9-3所示，在剪映中可以一键添加，具体操作步骤如下。

图9-3

　01 以导入的三段素材为例，此时可以看到在两段素材之间有个小白块▯，此为转场添加按钮，如图9-4所示。

图9-4

02 点击小白块，进入转场添加界面，选择【幻灯片】|【倒影】效果，如图9-5所示。

图9-5

03 滑动下方滑块可调整转场时长，时间越短，两段视频衔接速度越快，时间越长，视频过渡也更顺滑。将时长调整为1.5s，如图9-6所示。

04 点击左下角中的【全局应用】按钮，即可将该转场效果应用到全部视频素材中，如图9-7所示。

图9-6

图9-7

05 此时视频轨道中素材之间的小白块变为 ⋈ 图标，即表示转场效果添加完成，如图9-8所示。

图9-8

（富索索的小提示：添加转场的重点在于要让其效果与画面匹配，目的在于让视频自然顺滑地过渡，让观众看得舒服，很多炫酷的转场，虽能吸引更多观众，但同时也会分散观众注意力）

剪映中虽预设了很多种类的转场效果，但有些特殊的转场是无法一键添加的，需要后期制作才能实现，自定义转场也为视频剪辑提供了更多的创造性。下面来具体介绍制作炫酷"裂缝转场"的操作步骤。

扫码看
视频教学

视频裂缝转场的效果如图9-9和图9-10所示，主要使用剪映中画中画、混合模式、蒙版、关键帧等功能的组合应用，具体操作步骤如下。

图9-9　　　　　　　　　　　　　　　　图9-10

① 在剪映中导入一段视频素材，将时间轴移至需要做转场的位置，点击下方工具栏中的【画中画】|【新增画中画】按钮，如图9-11所示。

② 在素材筛选界面点击右上角中的【素材库】按钮，搜索"裂缝转场"，选择合适的黑幕素材，点击【添加】按钮，如图9-12所示，导入轨道中。

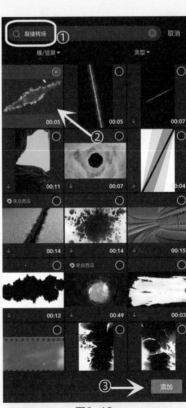

图9-11　　　　　　　　　　　　　　　　图9-12

③ 双指将裂缝素材放大至全屏，点击下方工具栏中的【混合模式】按钮，如图9-13所示。

01

02

03

04

05

06

07

08

09

第9章　转场

10

11

12

13

04 点击【滤色】模式，即可去掉素材的黑色背景，如图9-14所示。

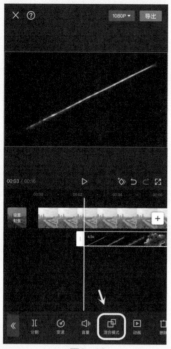

图9-13

图9-14

05 将时间轴移至画面中素材裂缝即将展开的位置，点击工具栏中的【画中画】|【新增画中画】按钮，如图9-15所示，再导入一段新的视频素材，放大至全屏。

06 选中新导入的视频素材，点击界面中间的【关键帧】按钮，再选择【蒙版】|【镜面】蒙版，如图9-16所示。

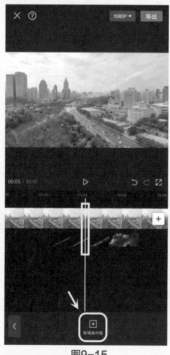

图9-15

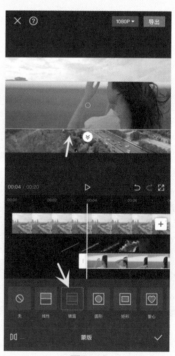

图9-16

07 双指调整蒙版的形状和角度，与裂缝素材重合，如图9-17所示。

08 时间轴向右移动1s，此时拖动 （羽化）按钮适当增加蒙版的羽化值，再将蒙版拉开少许角度，与素材裂缝重合，如图9-18所示，此操作重复多次。

图9-17

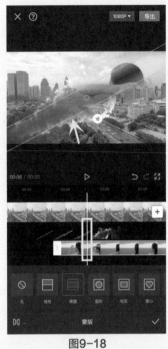

图9-18

09 将时间轴移至裂缝素材的即将结尾处，将蒙版完全展开至全屏，如图9-19所示。

10 此时轨道中的关键帧会自动形成，记录了蒙版的变化轨迹，如图9-20所示。视频裂缝转场的效果即完成。

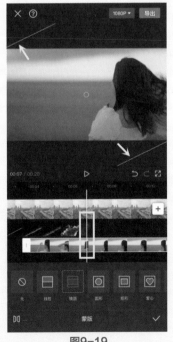

图9-19

图9-20

（富索索的小提示：更多的自定义转场案例，可参考第13章的案例分享）

本章小作业

嗨，同学，知晓了剪映的转场功能，来跟练一遍吧。

作业要求如下：

在剪映中导入多段视频，添加并熟悉不同种类的转场方式。

制作一段"裂缝转场"视频。

第10章
万物皆可抠像

　　剪映中有"智能抠像""自定义抠像""色度抠图"三种抠图功能，其中"智能抠像"是指系统自动对素材中的人物进行快速抠像，对背景、物体等不会起到作用；"自定义抠像"需要手动抠像，人物、物体、背景等皆可抠像；"色度抠图"是可以将画面中不想要的颜色抠除掉，比较常见的使用场景是抠除素材中的绿幕、蓝幕等。掌握这三种抠像方法，并配合剪映中其他功能一起使用，便能制作出有趣、炫酷的短视频。本章将介绍"智能抠像""自定义抠像""色度抠图"的使用方法。

第61招　智能抠像：轻松制作古风视频

　　剪映中的"智能抠像"功能，可以快速将人物从画面中"抠"出来，并利用抠出来的人像制作出不同的视频效果。本节将使用"智能抠像"功能，轻松给视频中的人物更换背景，制作出小朋友背诵古诗的古风视频，效果如图10-1和图10-2所示，具体操作步骤如下。

扫码看
视频教学

图10-1

图10-2

01 打开剪映APP，点击【开始创作】|【素材库】按钮，搜索"古风"，如图10-3所示，选一个喜欢的视频素材导入至轨道。

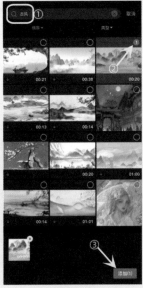

图10-3

02 将时间轴移至视频起始处，点击下方工具栏中的【画中画】|【新增画中画】按钮，导入一段人物视频素材，如图10-4所示。

03 选中人物素材，点击下方工具栏中的【抠像】|【智能抠像】按钮，如图10-5所示，稍等片刻即可完成抠像效果。

图10-4

图10-5

04 抠像完成后，调整人物至合适大小位置，如图10-6所示。

05 返回主工具栏，点击【文本】|【新建文本】按钮，输入需要的文字，并调整好文字样式，移至合适位置，如图10-7所示。人物"智能抠像"及更换背景的操作即完成。

图10-6

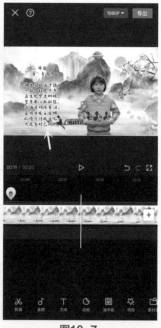

图10-7

（富索索的小提示："智能抠像"并非总能完美地抠出画面中的人物，视频中人物的背景越简单，抠像效果越好）

第62招 自定义抠像：建筑物遮挡文字

剪映中的"自定义抠像"功能，可以对素材中任何人物或物体进行抠像，需要我们手动操作将所需要的物体从画面中"抠"出来，从而制作出不同的视频效果。

本节将介绍利用"自定义抠像"功能制作建筑物遮挡文字的视频，效果如图10-8～图10-10所示。具体操作步骤如下。

图10-8

图10-9

图10-10

01 在剪映中导入一段视频素材，选中该素材，点击下方工具栏中的【复制】按钮，选中第一段视频素材，点击工具栏中的【新增画中画】按钮，如图10-11所示。

02 选中画中画轨道视频素材，点击工具栏中的【抠像】|【自定义抠像】按钮，如图10-12所示。

图10-11

图10-12

03 点击【快速画笔】按钮，调整好下方"画笔大小"，在所需要抠图的建筑轮廓勾勒几笔，如图10-13所示，即可对该建筑物进行抠像。抠像完成后的效果如图10-14所示。

04 将时间轴移至视频起始处，点击工具栏中的【文本】|【新建文本】按钮，输入文字，并调整好字体、样式，如图10-15所示。

第10章 万物皆可抠像

115

05 选中文字轨道，点击工具栏中的【层级】按钮，如图10-16所示。

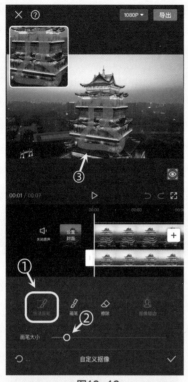

图10-13

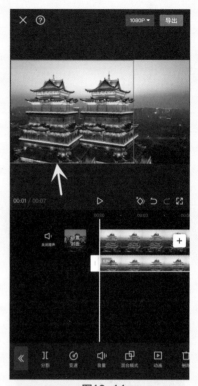

图10-14

图10-15

图10-16

06 点击"层级"工具栏右侧选项，选中"全部轨道"单选按钮，如图10-17所示。

07 之后长按"文字图层"拖移至"画中画图层"后方，如图10-18所示。

图10-17   图10-18

08 返回主工具栏，在预览区域细调文字位置和大小，如图10-19所示。建筑物遮挡文字的视频即完成。

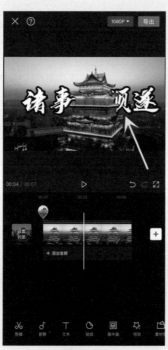

图10-19

（富索索的小提示："层级"是指素材在时间线上的位置，调整层级可调整素材的显示位置，例如案例中，将文字的层级移至画中画之后，即可让文字出现在建筑物后方，体现遮挡效果，可以多尝试）

第63招　色度抠图：手机穿越转场

"色度抠图"是指将前景素材画面中不想要的颜色抠除掉，从而可以显示背景中的画面，是视频制作中比较常用的功能之一，常见的使用场景是抠除素材中的绿幕、蓝幕等。本节将介绍"色度抠图"的使用方法。

利用"色度抠图"功能，抠除素材中的绿幕，可制作手机穿越转场的效果，如图10-20和图10-21所示，具体操作步骤如下。

图10-20

图10-21

01 在剪映中导入一段视频素材，点击下方工具栏中的【画中画】│【新增画中画】按钮，如图10-22所示。

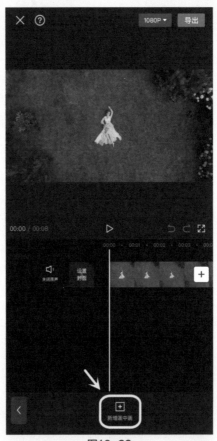

图10-22

02 在素材筛选界面，点击右上角的【素材库】按钮，搜索"手机穿越"，选择图10-23所示的绿幕素材添加至轨道。

软件进阶篇

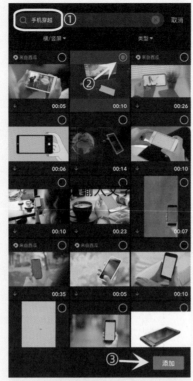

图10-23

03 将绿幕素材放大至全屏，点击工具栏中的【抠像】|【色度抠图】按钮，如图10-24所示。

04 将圆形"取色器"的中心"小白框"移至素材中绿色区域，如图10-25所示。

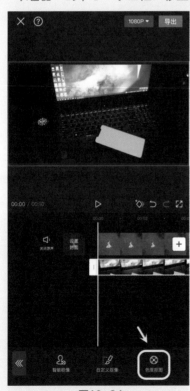

图10-24

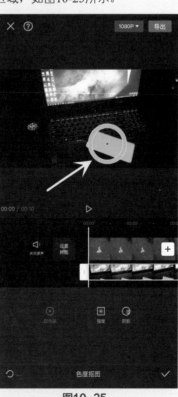

图10-25

05 将"强度""阴影"均调整到100，素材中的绿色部分就被抠除了，如图10-26所示。手机穿越转场的效果即完成。

图10-26

本章小作业

嗨，同学，知晓了剪映的抠像功能，来跟练一遍吧。

作业要求如下：

在剪映中导入视频，通过"抠像"功能，给人物换背景。

制作一段"建筑物遮挡文字"视频。

制作一段"手机穿越转场"视频。

第11章
特效

　　特效，顾名思义，指特殊的效果。通常是由软件制作出的现实中一般不会出现的特殊效果。给视频增加特效不仅可以丰富画面元素，也可以营造视频整体氛围感、节奏感。在剪映中有非常丰富的特效，我们既可以给视频一键添加特效，也可以通过各功能的组合应用制作出特效效果。本章将介绍剪映中特效的使用方法和技巧，希望能够帮助大家快速掌握特效的应用，制作出更有新意的视频。

第64招　画面特效：冲刺人物定格介绍

　　在剪映中，已预设了"画面特效""人物特效""图片玩法"三种特效分类，用户可根据实际需要选择对应特效添加至视频中，"画面特效"中有20种分类，图11-1和图11-2所示为部分特效。本节将介绍剪映中"画面特效"的使用方法。

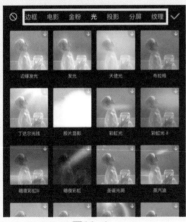

图11-1

图11-2

　　剪映中的"特效"是非常强大的，本节将以"人物定格介绍"的制作为例，介绍剪映中"画面特效"的使用方法，效果如11-3和图11-4所示。主要使用剪映中画中画、定格、抠像、滤镜、特效等功能，操作不难，具体操作步骤如下。

图11-3

图11-4

01 在剪映中导入一段视频素材，将时间轴移至合适位置，选中素材，点击下方工具栏中的【定格】按钮，如图11-5所示。这一帧就成了一张3s的图片。

02 选中后半段视频素材，点击工具栏中的【删除】按钮。选中定格图片，点击工具栏中的【复制】按钮，将定格图片复制一份，如图11-6所示。

图11-5

图11-6

03 选中第一段定格图片，点击工具栏中的【切画中画】按钮，如图11-7所示。

04 选中画中画轨道的定格图片，点击工具栏中的【抠像】|【智能抠像】按钮，抠像完成的效果如图11-8所示。

图11-7

图11-8

⑤ 选中主轨道中的定格图片，选择工具栏中的【滤镜】|【黑白】|【布兰卡】效果，滤镜强度调为100，如图11-9所示。

⑥ 返回主工具栏，将时间轴移至定格图片起始处，点击【特效】|【画面特效】按钮，如图11-10所示。

图11-9

图11-10

⑦ 在"综艺"分类下，点击【冲刺】特效，如图11-11所示。

⑧ 此时轨道中多了一条特效轨道，选中该特效轨道，点击工具栏中的【作用对象】按钮，如图11-12所示。

图11-11

图11-12

⓽ 将特效的"作用对象"改为【全局】，该特效即作用于视频整体，如图11-13所示。

⓾ 返回主工具栏，将时间轴移至定格图片起始处，点击【文本】|【新建文本】按钮，输入文字并调整好样式，如图11-14所示。"人物定格介绍"的效果即完成。

图11-13

图11-14

第65招　人物特效：秒变卡通脸

剪映中"人物特效"里有很多非常有趣的特效可供使用，目前"人物特效"中有10种分类，图11-15和图11-16所示为部分特效。本节将介绍剪映中"人物特效"的使用方法。

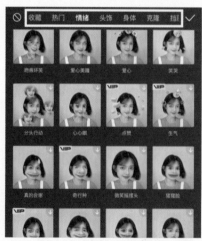

图11-15

图11-16

想必大家在刷短视频时，一定都刷到过各种人物夸张搞笑的表情特效，操作很简单，在剪映"人物特效"分类下的"情绪"分类中，如图11-15所示，即可添加制作各类不同表情的特效。当然，人物特效的玩法有很多种，本节将以"秒变卡通脸"的制作为例，介绍剪映中"人物特效"的使用方法，效果如图11-17和图11-18所示，操作步骤如下。

图11-17

图11-18

① 在剪映中导入一段人物视频素材，在不进行任何操作的情况下，点击工具栏中的【特效】|【人物特效】按钮，如图11-19所示。

② 点击【形象】按钮，选择"卡通脸"添加至轨道中，如图11-20所示。

③ 此时轨道中多了一条特效轨道，将该轨道拉长与主视频时长一致即可，如图11-21所示，"秒变卡通脸"的制作即完成。需要注意的是，当我们使用"人物特效"时，视频中的人物最好面部清晰，以便系统精确捕捉面部信息，达到更好的特效效果。

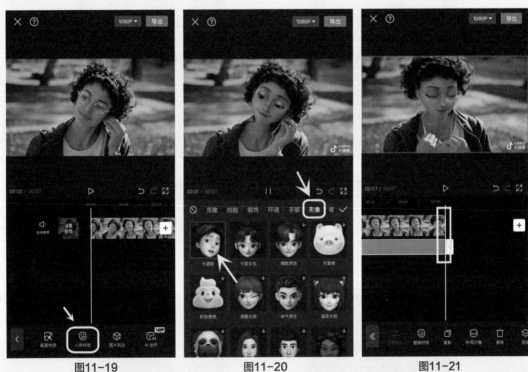
图11-19   图11-20   图11-21

（富索索的小提示：若视频中人物不便出镜时，添加人物特效也能起到遮挡的作用，既好看又有趣，可以多尝试看看）

第66招   图片玩法：一键梨涡笑

剪映中的"图片玩法"，顾名思义，就是针对图片素材可使用的特效玩法，目前共有7种分类，如图11-22和图11-23所示。本节将介绍剪映中"图片玩法"的使用方法。

图11-22　　　　　　　　　　　　　　　图11-23

剪映中针对图片素材同样也有很多玩法，本节将以抖音爆款短视频"一键梨涡笑"的制作为例，介绍剪映中"图片玩法"的使用方法，效果如图11-24和图11-25所示。主要使用剪映中转场、图片玩法等功能，具体操作步骤如下。

图11-24　　　　　　　　　　　　　　　图11-25

🔘1 在剪映中导入一张照片，调整时长为5s。将时间轴移至2s处，选中照片素材，点击工具栏中的【分割】按钮，如图11-26所示。

🔘2 将时间轴移至第二段素材任意位置，返回主工具栏，点击【特效】|【图片玩法】按钮，如图11-27所示。

图11-26　　　　　　　　　　　　　　　图11-27

软件进阶篇

03 点击【表情】分类，选择【梨涡笑】效果，如图11-28所示，人物中表情即发生变化。

04 此时两段图片的衔接会有些突兀，为了让人物表情有个过渡效果，点击两段素材中间的小白块 添加转场，如图11-29所示。

图11-28 图11-29

05 点击【叠化】分类，选择【岁月的痕迹】效果，如图11-30所示，此时两段素材的表情过渡就会非常顺滑自然。"一键梨涡笑"的效果即完成。之后可根据需要对视频进行进一步操作。

图11-30

第11章 特效

（富索索的小提示：细心的同学应该已经发现了，当我们选中图片素材时，下方工具栏中显示的"抖音玩法"与特效分类中的"图片玩法"其实是一样的）

本章小作业

嗨，同学，知晓了剪映中的"特效"功能，来跟练一遍吧。

作业要求如下：

尝试制作一段"人物定格"的视频，运用画面"冲刺"特效，人物"卡通"形象以及图片玩法中的"摇摆运镜"效果。

第12章
变速

在制作视频时，可通过"变速"功能来改变视频的播放速度，选择性地将视频片段减速播放或加速播放，往往能达到独特的视觉效果，与此同时，在改变视频的播放速度时，视频的时长也会随之发生改变。现如今视频变速已广泛运用到短视频中，合理运用"变速"功能，可以使视频更加生动。在剪映中，有"常规变速"和"曲线变速"两种模式，本章将介绍该两种模式的使用方法。

12.1 常规变速

在剪映中，"常规变速"功能可以调整指定视频的播放速度，可使视频以同一倍速加速播放或减速播放。例如当我们想表达时间飞速流逝时，把一天甚至更长时间里发生的事件压缩到10s甚至更短时间里播放，就可以用常规变速中加速功能来实现。在制作视频变速前，我们先来了解剪映中常规变速如何使用。

第67招 常规变速图

在剪映中，当选中素材时，下方工具栏中会出现"变速"选项，点击即可选择进入常规变速调节界面。

播放速度为1x，即视频原速播放。

播放速度在0.1x～0.9x，代表视频慢倍速播放，视频时长也将随之加长，如图12-1所示。

播放速度在1.1x～100x，代表视频快倍速播放，视频时长也将随之缩短，如图12-2所示。

本节将以抖音爆款"氛围感慢动作"视频为例，介绍常规变速的使用方法。

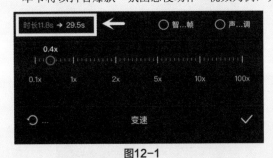

图12-1

图12-2

第68招 氛围感柔光慢动作

通过剪映中的常规变速，减慢视频播放速度，可制作"氛围感柔光慢动作"视频，效果如图12-3和图12-4所示，具体操作步骤如下。

图12-3

图12-4

① 在剪映中导入一段视频素材，一段背景音乐，将时间轴移至需要做慢动作的位置，如图12-5所示。

② 选中视频素材，点击工具栏中的【分割】按钮；之后选中后半段素材，点击工具栏中的【变速】按钮，如图12-6所示。

图12-5

图12-6

③ 点击【常规变速】按钮，进入其调速界面，如图12-7所示。

④ 将速度调为0.2x，此时视频的时长也随之加长，选中右上角的【智能补帧】单选按钮，可生成丝滑慢动作，如图12-8所示。

图12-7

图12-8

⑤ 选中后半段视频素材，选择工具栏中的【滤镜】|【风格化】|【恍光】效果，滤镜强度调为
70，如图12-9所示。

⑥ 将时间轴移动至第二段素材起始处，选择工具栏中的【特效】|【画面特效】|【Bling】|【自
然】效果，如图12-10所示。

图12-9

图12-10

07 调整视频时长、特效时长与音乐时长一致，如图12-11所示。"氛围感柔光慢动作"视频即制作完成。

图12-11

12.2 曲线变速

　　剪映中，常规变速是将一段视频素材调整为固定速度，或快或慢，而曲线变速可以让同一段视频素材的前后画面，出现速度不同的变化感。利用曲线变速功能，可以制作出更具创意动感的视频。

　　剪映中的曲线变速功能预设了六种变速模式，如图12-12所示，每个都有不同的风格，除此之外，我们也可以自定义编辑变速模式，为视频剪辑提供了更多创造性。本节将介绍曲线变速的使用方法。

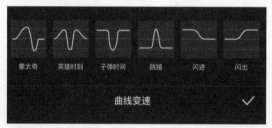

图12-12

第69招　曲线变速图

　　为方便学习和运用曲线变速功能，我们先来认识剪映中的曲线变速图，如图12-13所示。

①横轴即代表所选视频的全部时长。

②竖轴即代表视频播放速度，以1倍速为中心线，上半部分快速播放，下半部分慢速播放。

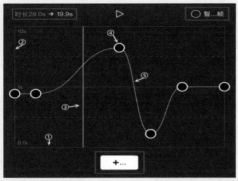

图12-13

③白色的竖线即时间轴，时间轴的位置对应视频画面。

④小圆点，即代表视频变速的开始/结束点，点击下方加号按钮可增加/删除小圆点。

⑤黄线曲线，即视频速度变化的曲线。

第70招　曲线变速卡点视频

在制作视频时，可通过曲线变速的功能使视频具有较强的快慢变化的节奏，本节将以制作一段"曲线变速卡点视频"为例，介绍剪映中曲线变速的用法，具体操作步骤如下。

01 在剪映中导入两段视频素材，关闭视频原声，再导入一段节奏感较强的音乐，如图12-14所示。

02 选中音频素材，点击工具栏中的【节拍】|【踩节拍II】按钮，如图12-15所示。

图12-14

图12-15

03 将时间线拉长，选中第一段视频素材，调整时长与音频第四个小黄点对齐；选中第二段视频素材，点击工具栏中的【变速】|【曲线变速】|【自定义变速】按钮，如图12-16所示。

04 进入变速调节页面，调整为图12-17所示的模式，并选中右上角的【智能补帧】单选按钮，可生成丝滑慢动作。第二段视频素材结尾与音频后一个小黄点对齐。

图12-16

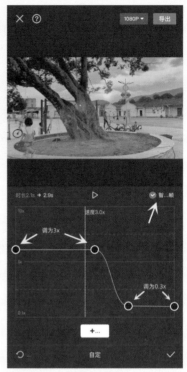

图12-17

软件进阶篇

⑤ 选中第二段视频素材，点击【复制】按钮，需多复制几份，如图12-18所示。

⑥ 选中之后复制的每一段视频素材，点击工具栏中的【替换】按钮，替换为新的素材，如图12-19所示。

⑦ 替换之后的视频将自带曲线变速效果，就不必再单独调节，"曲线变速卡点视频"即完成。

图12-18

图12-19

本章小作业

嗨，同学，知晓了剪映中的变速功能，来跟练一遍吧。
作业要求如下：
制作一段慢动作视频，要求慢动作的片段添加滤镜和特效。
制作一段曲线变速卡点视频，多调节和熟悉曲线变速后的视频效果。

案例实战篇

第13章
爆款短视频实操案例

本章将结合前12章所学的剪映剪辑方法和技巧，通过对剪映各功能的组合应用来制作当下比较热门且实用的短视频案例，希望帮助大家进一步熟练掌握剪映剪辑技巧，轻松制作出满意的短视频。

第71招　横屏秒变竖屏

以抖音和快手平台为例，竖屏的视频会有更好的观感。横屏拍摄的视频如何转成竖屏，并在视频上下方添加标题和字幕？如图13-1所示。

图13-1

具体操作步骤如下。

① 在剪映中导入一段横屏视频素材，在不进行任何操作的情况下，点击下方工具栏中的【比例】按钮，选择【9:16】选项，如图13-2所示。

② 点击【背景】|【画布样式】按钮，选择一个喜欢的背景样式，如图13-3所示。

③ 返回主工具栏，点击【文本】|【新建文本】按钮，输入标题文字，调整合适的字体样式，移至视频上方，如图13-4所示。

④ 点击工具栏中的【文本】|【识别字幕】按钮，将视频里的语音自动识别成字幕，并调整好文字样式，移至视频下方，如图13-5所示。

⑤ 最后将标题文字的时长拉长与主视频一致，如图13-6所示。预览视频，横屏秒变竖屏，并附带标题字幕的效果即完成。

图13-2

图13-3

图13-4

图13-5

图13-6

让视频从黑白逐渐变成彩色，效果如图13-7所示，有两种方法可供使用：一种是使用剪映中的"特效"功能，另一种是使用"关键帧"功能对视频的饱和度进行调节。下面分别讲解两种方法的操作步骤。

图13-7

第一种方法，使用"特效"功能使视频逐渐变色，操作步骤如下。

① 在剪映中导入视频素材，在不进行任何操作的情况下，点击下方工具栏中的【特效】|【画面特效】按钮，如图13-8所示。

② 进入画面特效界面，在"基础"分类下选择【变彩色】选项，如图13-9所示。

图13-8

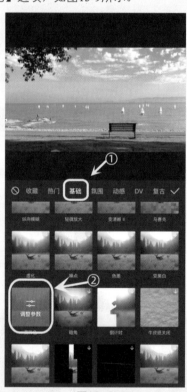

图13-9

③ 点击【调整参数】按钮调整"变化速度"，数值越小，视频色彩变化速度越慢，如图13-10所示。

④ 拉长特效的时长与视频一致，视频从黑白逐渐变成彩色的效果即完成，如图13-11所示。

第二种方法，使用"关键帧"功能使视频逐渐变色，操作步骤如下。

① 在剪映中导入视频素材，将时间轴移至视频起始处，选中视频素材，添加一个关键帧，并点击下

方工具栏中的【调节】按钮，如图13-12所示。

02 点击【饱和度】按钮，将数值调为-50，如图13-13所示，此时视频呈现黑白色调。

图13-10

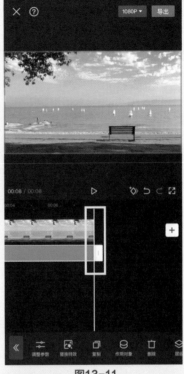

图13-11

图13-12

图13-13

第13章 爆款短视频实操案例

03 将时间轴移至视频结尾处,点击【调节】按钮,再将"饱和度"调为0,如图13-14所示,此时视频轨道中关键帧会自动形成,且视频呈现彩色,如图13-15所示。这两个关键帧记录了视频的色彩变化轨迹。预览视频,视频从黑白逐渐变成彩色的效果即完成。

图13-14

图13-15

第73招 视频画面逐一亮屏效果

扫码看
视频教学

在剪映中,给视频素材添加关键帧可做出不同的效果,本节将介绍利用"关键帧"功能使视频依次亮屏的制作方法,效果如图13-16所示。

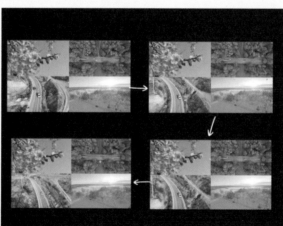

图13-16

具体操作步骤如下。

01 打开剪映App,点击【开始创作】按钮,同时选中四段素材,点击界面下方的【分屏排版】按钮,如图13-17所示。

案例实战篇

图13-17

02 点击下方的【布局】按钮，选择合适的布局，如图13-18所示；点击下方的【比例】按钮，如图13-19所示。完成后点击右上方的【导入】按钮，即进入剪辑界面。

图13-18

图13-19

03 食指和中指分开将时间线拉长，将时间轴移至视频1s的位置，选中主轨道视频素材，添加一个关键帧，如图13-20所示。

图13-20

04 将时间轴向前移动一点位置，再点击工具栏中的【调节】按钮，将"饱和度"数值调为-50，如图13-21所示。此时关键帧会自动生成，且两个关键帧记录了视频饱和度变化轨迹，即呈现视频瞬间亮屏的效果。

05 将时间轴移至2s处，选中第二段视频素材，用上述同样的方法添加关键帧调整视频饱和度，如图13-22所示。

图13-21

图13-22

06 将时间轴移至3s、4s处，对剩下两段视频素材，亦是采用同样的方式添加关键帧调节视频饱和度，如图13-23和图13-24所示。预览视频，视频依次亮屏的效果即完成。

图13-23

图13-24

第74招 独一无二的手写字开场片头

当我们剪辑Vlog视频时，可以使用剪映中的"涂鸦笔"功能，制作一个专属于自己的手写字视频片头，非常有创意，效果如图13-25所示。

图13-25

具体操作步骤如下。

第13章 爆款短视频实操案例

① 在剪映中导入一段视频素材，点击工具栏中的【文本】|【涂鸦笔】按钮，如图13-26所示。

② 选择并调整笔触粗细、颜色等参数，在预览区域涂鸦想要的文字内容，如图13-27所示。

图13-26

图13-27

③ 选中涂鸦轨道，点击下方工具栏中的【动画】|【入场动画】按钮，选择喜欢的动画样式，调整合适的动画时长，如图13-28所示。

④ 将涂鸦轨道拉长至合适位置，如图13-29所示。预览视频，手写字开场视频片头即完成。

图13-28

图13-29

第75招　四分屏开场片头

在剪映中，我们可以使用"画中画"和"蒙版"功能的组合应用，制作出四分屏开场视频片头，让视频更有创意还更具动感，效果如图13-30所示。

图13-30

具体操作步骤如下。

①　打开剪映APP，先从素材库导入一张黑色图片，时长调整为4s，如图13-31所示。

②　返回主工具栏，点击【文本】|【新建文本】按钮，输入五个"|"符号，并点击【样式】|【排列】按钮，将"字间距"调为14，如图13-32所示。此竖线符号可以方便视频的排版。

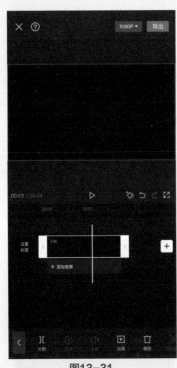

图13-31

图13-32

③　返回主工具栏，点击【画中画】|【新增画中画】按钮，导入一段视频素材，放大至全屏，并点击工具栏中的【蒙版】按钮，如图13-33所示。

④　选择【矩形】蒙版，并调整蒙版的大小，框出所需要显示的画面，蒙版左右两端与字符边界对齐，如图13-34所示。

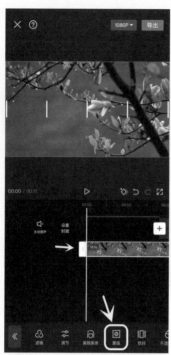

图13-33

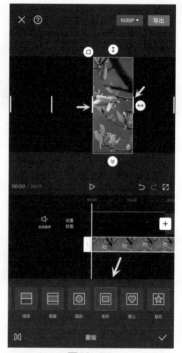

图13-34

05 关闭蒙版界面后，将视频移至左边第一个框中，如图13-35所示。

06 选中画中画视频素材，调整时长为4s，并点击工具栏中的【复制】按钮，复制三份，并上下对齐，如图13-36所示。

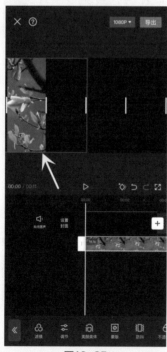

图13-35

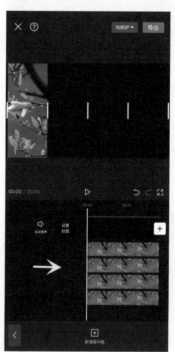

图13-36

07 选中复制后的第二段画中画视频素材，点击工具栏中的【替换】按钮，将其替换为新的视频素材，并调整视频到画面第二个框中，如图13-37所示。

案例实战篇

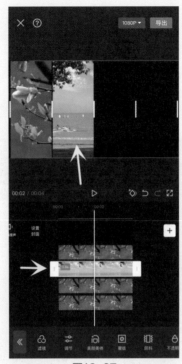

图13-37

08 用同样的方法替换第三、第四段画中画素材，并调整视频到对应的框中，如图13-38所示。这里要注意的是，若需调整各视频的显示画面，打开对应的蒙版，移动蒙版的框选位置即可。

09 选中第一段画中画素材，点击下方工具栏中的【动画】|【入场动画】按钮，选择【向下滑动】选项，动画时长为2s，如图13-39所示。

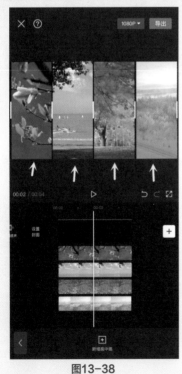

图13-38

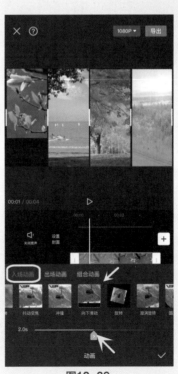

图13-39

第13章 爆款短视频实操案例

⑩ 用同样的方法，分别给第二段、第四段视频添加【入场动画】|【向上滑动】效果，动画时长为2s；给第三段视频素材添加【入场动画】|【向下滑动】效果，动画时长为2s，这一步是让四段视频有个交错出现的动画效果，如图13-40所示。

⑪ 最后，返回主工具栏点击【文本】按钮，选中文本轨道，点击【编辑】按钮，将竖线删除更换为其他的文字，调整字体大小样式，并添加【入场动画】|【溶解】效果，动画时长为2s，如图13-41所示。预览视频，四分屏开场视频片头即完成。

图13-40

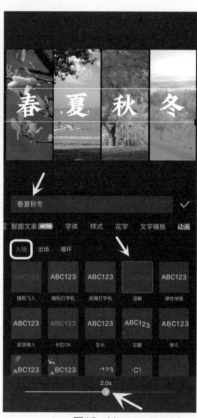

图13-41

第76招 美食定格动画效果

想必大家在短视频平台中或多或少都刷到过食物自动摆盘的视频，如图13-42和图13-43所示，看上去非常有意思。用剪映就可以做到，我们一起来试试吧。

图13-42

图13-43

具体操作步骤如下。

① 首先我们固定好盘子的位置，用支架固定好手机，要保持镜头不变，点击【录制】按钮，录制一段把小番茄一个个放进盘子里的画面，如图13-44所示。

图13-44

② 将录好的视频导入剪映，将时间轴移至有手出现的位置，点击工具栏中的【分割】按钮，如图13-45所示，先分割删除所有有手出现的画面，如图13-46所示，只保留有小番茄的画面片段。

图13-45

图13-46

③ 双指分开将时间线拉长，把每段视频调整到0.1s，如图13-47所示。全部调整完，视频轨道如图13-48所示，小番茄一个个自动出现的效果就做好了。

④ 此时我们可以给视频添加"滤镜"进行美化，使食物看起来更诱人。将时间轴移至视频起始处，选择工具栏中的【滤镜】|【美食】|【轻食】效果，如图13-49所示。

⑤ 将滤镜轨道拉长与视频一致，如图13-50所示，最后可添加装饰文字或贴纸。预览视频，美食定格动画效果即完成。

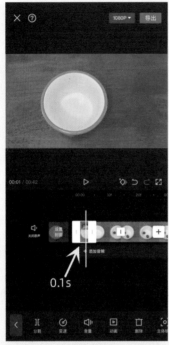

0.1s

图13-47

全部0.1s

图13-48

图13-49

图13-50

第77招 视频定格轮播效果

视频定格轮播，能很好地将观众的注意力聚焦在视频某一片段中，在短视频平台中也经常能见到，用剪映即可制作，需要用到"画中画"和"定格"功能，以下以两段视频为例，制作定格轮播效果。

扫码看
视频教学

具体操作步骤如下。

01 在剪映中，先导入一段素材，点击下方工具栏中的【画中画】|【新增画中画】按钮，导入另一段视频素材，并调整好两段视频的大小和位置，如图13-51所示。

图13-51

02 将时间轴移至4s处，选中主轨道视频素材，点击下方工具栏中的【定格】按钮，生成一张3s的定格图片，如图13-52所示。

图13-52

03 选中主轨道后半段素材，点击工具栏中的【删除】按钮，如图13-53所示。

第13章 爆款短视频实操案例

04 将时间轴移至视频起始处，选中画中画轨道素材，点击下方工具栏中的【定格】按钮，生成一张
3s的定格图片，如图13-54所示。

图13-53   图13-54

05 按住画中画轨道定格图片右侧的"小白框"，将其拉长与前半段主视频时长对齐，如图13-55
所示。

06 将时间轴移至主轨道结尾处，将画中画轨道素材的时长缩短与主轨道素材保持一致，如图13-56所
示。预览视频，视频定格轮播的效果即完成。

图13-55   图13-56

　　给视频添加进度条可以让观众对视频内容一目了然，既能丰富视频的画面，也能提高视频完播率，非常适合口播和知识类视频，效果如图13-57所示。需要注意的是，进度条是视频制作完成后最后一步添加的。

图13-57

　　具体操作步骤如下。

① 导入一段已经制作好的视频素材，点击工具栏中的【画中画】|【新增画中画】按钮，从素材库导入一张白色图片，放大至全屏，并移至视频下方，如图13-58所示。

② 将白色图片的时长拉长与视频保持一致，如图13-59所示。

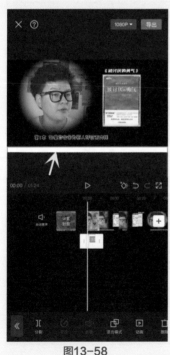

图13-58

图13-59

③ 返回主工具栏，点击【画中画】|【新增画中画】按钮，从素材库导入一张彩色图片，放大至全屏，并移至视频下方，覆盖在白色图片上，如图13-60所示。

图13-60

04 将彩色图片的时长拉长与视频保持一致。将时间轴移至视频起始处，选中彩色图片，添加一个关键帧，之后点击工具栏中的【蒙版】|【线性】蒙版按钮，将蒙版线调为-90°，并移至图片最左边，如图13-61和图13-62所示。

图13-61

图13-62

05 不用关闭蒙版界面，往后拖动视频至结尾处，此时将蒙版线移至图片最右侧，如图13-63所示。两个关键帧记录了彩色图片中蒙版的移动轨迹，即有了进度条中的进度变化。

图13-63

⑥ 返回主工具栏界面，点击【文本】|【新建文本】按钮，根据视频内容输入章节标题，调整文字大小，移至视频下方，如图13-64所示。

⑦ 将文本轨道拉长与视频保持一致，并复制多份替换成其他标题内容，移至视频下方合适位置，如图13-65所示。这里要注意的是，此处的章节标题位置要与视频内容相对应。

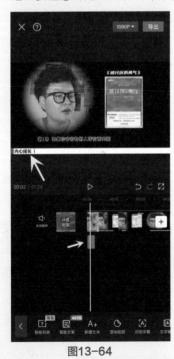

图13-64

图13-65

⑧ 返回主工具栏界面，点击【贴纸】按钮，搜索"走路的小人"，选一个喜欢的效果添加至轨道，如图13-66所示。

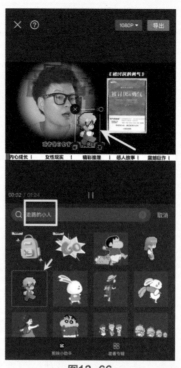

图13-66

09 将贴纸轨道拉长与视频对齐，在贴纸轨道起始处添加一个关键帧，并将贴纸缩小，移至视频左下角，如图13-67所示。

10 将时间轴移至贴纸结尾处，再将贴纸移至视频右下角，如图13-68所示。预览视频，视频进度条即制作完成。

案例实战篇

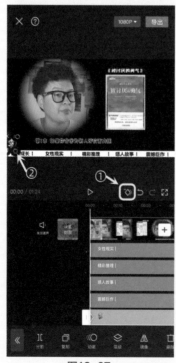

图13-67

图13-68

第79招　人物遮挡文字效果

在剪映剪辑视频时，通常情况下，添加文字后，文字会处于画面最上层，如图13-69所示，但是通过调整素材的"层级"可制作出人物遮挡文字的效果，如图13-70所示。

图13-69

图13-70

该效果需要用到剪映中的"画中画""抠像""层级"等功能，具体操作步骤如下。

01 在剪映中导入一段人物视频，选中视频素材，点击工具栏中的【复制】按钮，将视频复制一份；选中第一段视频素材，点击工具栏中的【切画中画】按钮，如图13-71所示。

02 选中画中画视频素材，点击工具栏中的【抠像】|【智能抠像】按钮，将视频中人物抠出来，效果如图13-72所示。

图13-71

图13-72

03 返回主工具栏，点击【文本】|【新建文本】按钮，输入需要的文字，并调整好字体样式，如图13-73所示。

图13-73

04 选中文本，将文本轨道拉长与视频一致，点击下方工具栏中的【层级】按钮，进入"层级"页面，选中右上角"全部轨道"单选按钮，如图13-74所示。将文字选项拖移至画中画选项之后，如图13-75所示。

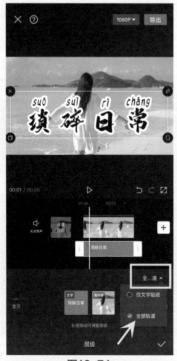

图13-74

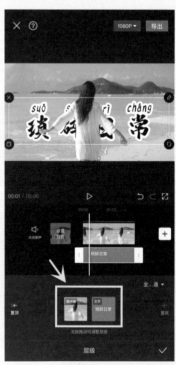

图13-75

05 最后在预览区域调整文字的位置，如图13-76所示。预览视频，人物遮挡文字的效果即完成。

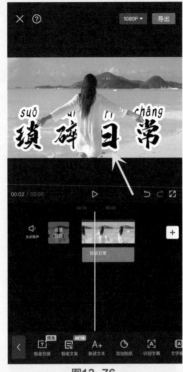

图13-76

第80招　文字如烟雾般消散效果

在剪映中，文本与烟雾素材相结合，可制作出文字随风飘散的效果，如图13-77所示，常用在视频开场，非常好看，该效果需要用到剪映中"画中画"和"混合模式"功能。

图13-77

具体操作步骤如下。

01 在剪映中导入一段视频素材，点击下方工具栏中的【文本】|【新建文本】按钮，输入需要的文字，字体选"书法"分类下其一，之后将文字移至合适位置，如图13-78所示。

图13-78

02 将时间轴移至视频起始处，返回主工具栏，点击【画中画】|【新增画中画】按钮，在素材库搜索"烟雾飘散素材"，选其一导入轨道，如图13-79所示。

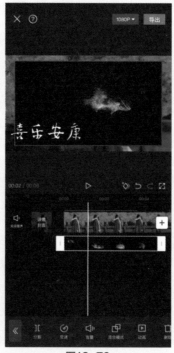

图13-79

⓷ 选中烟雾素材，选择工具栏中的【混合模式】｜【滤色】选项，即可去除烟雾素材的黑色背景，如图13-80所示。

图13-80

⓸ 移动烟雾素材将其覆盖到文字上方，调整至合适位置，如图13-81所示。

图13-81

第13章 爆款短视频实操案例

05 选中文本轨道，点击工具栏中的【动画】|【出场动画】|【溶解】按钮，动画时长为2.5s，如图13-82所示。预览视频，文字随风飘散的效果即完成。

图13-82

第81招 复古胶片放映机

当我们拍摄了很多日常碎片视频，不知道该怎么剪辑时，制作成复古胶片放映机的效果，既能拯救废片，又有满满的复古氛围感，如图13-83所示。做法也很简单，需要用到的是剪映当中"画中画""关键帧""特效"等功能。

扫码看
视频教学

图13-83

下面以三段视频为例，介绍复古胶片放映机效果的制作方法，具体操作步骤如下。

01 在剪映中，先导入一段视频素材。选中素材，在起始处添加一个关键帧；将时间轴移至4s处，在预览区域按住视频画面，将视频从右侧移出屏幕，如图13-84所示。

图13-84

02 将时间轴移至视频起始处，点击工具栏中的【画中画】|【新增画中画】按钮，导入一段新的视频素材，放大至全屏；在该视频起始处添加一个关键帧，并将视频从左侧移出屏幕，如图13-85所示。

图13-85

03 将时间轴移至视频4s处，再将画中画素材移至屏幕正中间，此时关键帧会自动生成，如图13-86所示。

04 将时间轴移至视频8s处，再将画中画素材从右侧移出屏幕，如图13-87所示。

图13-86

图13-87

05 同理，将时间轴移至视频4s处，点击工具栏中的【画中画】|【新增画中画】按钮，导入另一段新的视频素材，放大至全屏；在该视频起始处添加一个关键帧，并将视频从左侧移出屏幕，如图13-88所示。

图13-88

案例实战篇

06 将时间轴移至视频8s处，再将画中画素材从左侧移至屏幕正中间，如图13-89所示。此时三段视频即有了从左至右依次轮播的效果。

图13-89

07 返回主工具栏，将时间轴移至视频起始处，点击工具栏中的【特效】|【画面特效】按钮，进入特效界面，如图13-90所示。

图13-90

第13章 爆款短视频实操案例

⑧ 在"复古"分类里选择【胶片框Ⅲ】和【胶片Ⅲ】效果，添加至轨道中，如图13-91所示。

图13-91

⑨ 将特效轨道拉长与视频时长一致，并依次选中两个特效轨道，点击工具栏中的【作用对象】按钮，更改为【全局】，如图13-92所示。预览视频，复古胶片放映机的效果即完成。

图13-92

第82招　超丝滑无缝转场

在剪映中，可以使用"画中画"和"蒙版"功能制作两段素材之间的超丝滑转场效果，如图13-93所示。

图13-93

具体操作步骤如下。

01 在剪映中导入一段视频素材，将时间轴移至视频3s处，点击工具栏中的【画中画】|【新增画中画】按钮，导入一段新的视频素材，如图13-94所示。

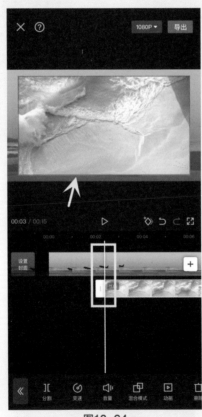

图13-94

02 将画中画素材放大至全屏，在视频起始处添加一个关键帧，之后点击工具栏中的【蒙版】按钮，如图13-95所示。

03 选择【线性】蒙版，将蒙版线调成30°，移至右上角，加一些羽化效果，如图13-96所示。

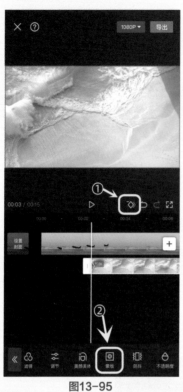

图13-95

图13-96

④ 不用关闭蒙版，将时间轴移至视频6s处，将蒙版线移至左下角，如图13-97所示。预览视频，超丝滑转场效果即完成。

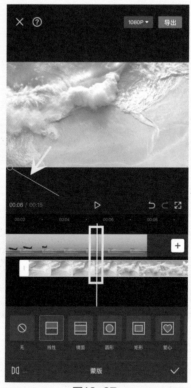

图13-97

第83招　文字穿越转场

用文字穿越的方式做两段视频的转场，如图13-98所示，效果不错，还很有创意。此效果需要用到剪映中的"画中画""色度抠图""关键帧"等功能，一起来试试吧。

图13-98

具体操作步骤如下。

🅐 在剪映中导入一段5s的视频素材，点击工具栏中的【文本】|【新建文本】按钮，输入需要的文字，字体颜色建议更改为视频中没有的颜色，方便后期抠图；字体建议选择较粗的字体，如图13-99所示。

图13-99

第13章　爆款短视频实操案例

⑫ 将文字轨道拉长与视频对齐；将时间轴移至视频起始处，给文字轨道添加一个关键帧；将时间轴移至视频3s处，将文字放大至全屏，此时对应的关键帧会自动生成，如图13-100所示。

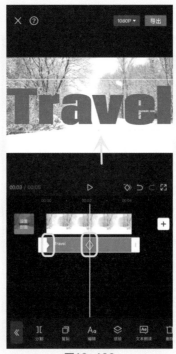

图13-100

⑬ 将时间轴移至视频结尾处，再将文字放大溢出屏幕，并将有颜色的部分覆盖至全屏，如图13-101所示。先将该文字视频导出备用。

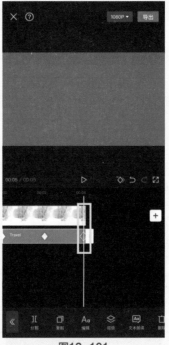

图13-101

⑭ 重新打开剪映新建项目，导入一段新的视频素材，将时间轴移至视频起始处，点击工具栏中的

【画中画】|【新增画中画】按钮，导入刚才的文字视频，如图13-102所示。

图13-102

⑤ 将文字视频放大至全屏，并点击工具栏中的【抠像】|【色度抠图】按钮，如图13-103所示。

图13-103

⑥ 将取色器移至文字红色部分，如图13-104所示，并将"强度"和"阴影"均调为100，此时文字视频中红色的部分就被抠除了，透出下层主视频画面，如图13-105所示。预览视频，文字穿越转场的效果即完成。

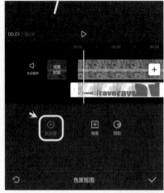
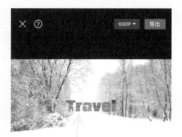

图13-104   图13-105

第84招　公交车遮挡转场

　　视频转场的方式有很多种，例如我们经常在影视和短视频中见到的遮挡物转场，效果如图13-106所示。利用前景遮挡物的移动，将画面从一个场景很自然地过渡到下一场景，需要用到的是剪映中的"画中画""蒙版""关键帧"等功能。本节将以公交车遮挡转场为例，介绍遮挡物转场的制作方法。

扫码看
视频教学

图13-106

具体操作步骤如下。

① 在剪映中先导入一段公交车从眼前驶过的视频素材，将时间轴移至公交车尾部即将进入画面的位置，点击工具栏中的【画中画】｜【新增画中画】按钮，导入另一段视频素材，如图13-107所示。

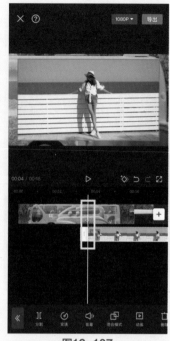

图13-107

② 选中画中画视频素材放大至全屏；在视频起始处添加一个关键帧，之后点击工具栏中的【蒙版】按钮，如图13-108所示。

图13-108

③ 选中【线性】蒙版，将蒙版线调为90°，加少许羽化效果，移至最右侧公交车的尾部，如图13-109所示。

图13-109

04 不用关闭蒙版界面，将时间轴向后移动，随着公交车的移动，蒙版线将紧随公交车移动，如图13-110～图13-112所示。

05 依此类推，直至公交车消失于屏幕。将蒙版线移至最左侧，如图13-113所示。预览视频，公交车遮挡转场的效果即完成。

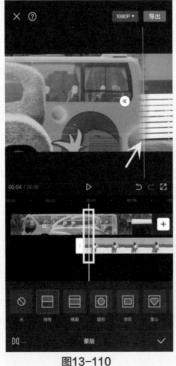

图13-110

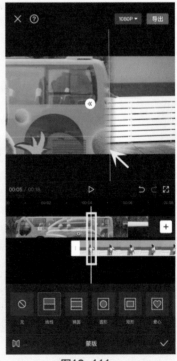

图13-111

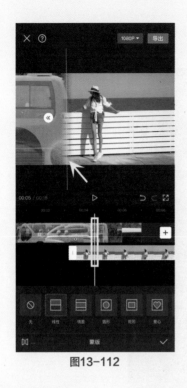

图13-112

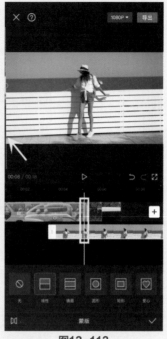

图13-113

第85招 抠像转场

在剪映中，我们可以使用"抠像"功能制作出各种不同视频间的抠像转场效果，所谓"万物皆可抠像"，本节将以两段视频素材为例，介绍抠像转场的制作方法，效果如图13-114所示。

图13-114

具体操作步骤如下。

01 在剪映中导入两段视频素材；将时间轴移至第二段视频起始处，选中该视频素材，点击工具栏中的【定格】按钮，将视频第一帧定格为图片，如图13-115所示。

图13-115

02 选中定格图片，将该图片时长缩短至1s，之后点击工具栏中的【切画中画】按钮，并移至第一段视频结尾处，如图13-116所示。

图13-116

⑬ 选中定格图片，点击工具栏中的【抠像】｜【自定义抠像】按钮，如图13-117所示。

图13-117

⑭ 点击【快速画笔】按钮，并调整好笔触大小，在需要抠像的物体处勾勒几笔，进行抠像，如图13-118所示。

⑮ 返回主工具栏，选中画中画定格图片，选择工具栏中的【动画】｜【入场动画】｜【向上滑动】效果，如图13-119所示。预览视频，视频抠像转场的效果即完成。

图13-118

图13-119

在剪映中，我们可以使用"色度抠图"功能，将海里的鲸鱼合成到视频中，形成鲸鱼在天空飞翔的效果，如图13-120所示。不仅是鲸鱼，其他的物体也可以利用"色度抠图"功能合成到视频中。

图13-120

本节将以鲸鱼飞天为例，介绍色度抠图的用法，具体操作步骤如下。

01 在剪映中导入一段视频，点击工具栏中的【画中画】|【新增画中画】按钮，在素材库中搜索"鲸鱼绿幕"，导入至轨道中，如图13-121所示。

图13-121

⓶ 选中鲸鱼素材，点击工具栏中的【抠像】|【色度抠图】按钮，如图13-122所示。

图13-122

⓷ 进入抠图界面，将取色器移至素材中绿色部分，并将"强度"调为100，如图13-123所示。

图13-123

⓸ 返回主工具栏，双指将鲸鱼素材缩小至合适大小，在视频起始处添加一个关键帧，并将视频移至画面左方，如图13-124所示。

⓹ 将时间轴移至视频结尾处，再将鲸鱼素材移至画面右方，如图13-125所示，画面中的鲸鱼即有了从左游到右的运动轨迹。预览视频，"鲸鱼飞天"效果即完成。

图13-124

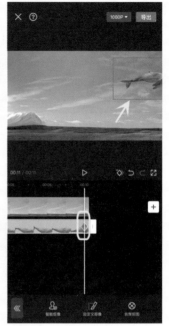
图13-125

第87招　聊天记录弹框

聊天记录一句句弹框出现的效果在短视频平台中比较常见，效果如图13-126所示，用剪映也可以制作，需要用到"色度抠图""画中画""蒙版"等功能。

图13-126

具体操作步骤如下。

① 首先我们需要将聊天背景图换成一张纯色图片，并截图裁剪备用，如图13-127所示。

② 在剪映中导入一段背景视频，将时间轴移至视频0.3s处，点击工具栏中的【画中画】|【新增画中画】按钮，导入聊天记录截图，如图13-128所示。

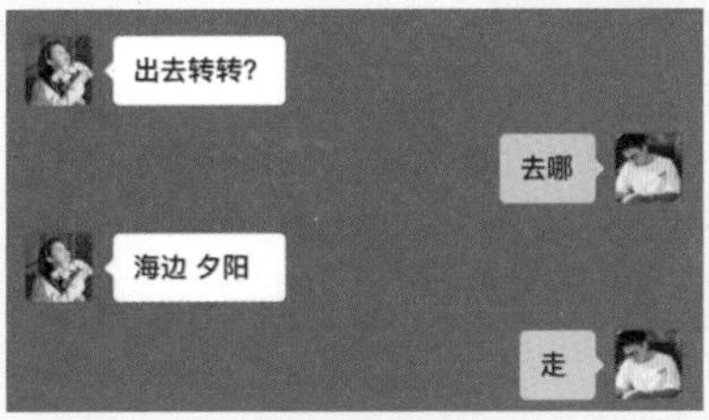

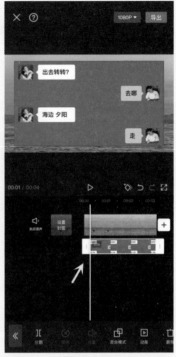

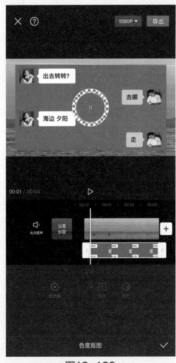

图13-127

图13-128

③ 选中截图，点击工具栏中的【抠像】|【色度抠图】按钮，进入抠图界面，如图13-129所示。

图13-129

第13章 爆款短视频实操案例

04 将取色器移至素材中绿色部分，根据视频情况，将"强度"调整为素材绿色消失即可，"阴影"调至35，如图13-130所示。

图13-130

05 返回主工具栏，选中截图素材，选择工具栏中的【蒙版】|【矩形】按钮，调整蒙版大小，框选出聊天记录片段，如图13-131所示。

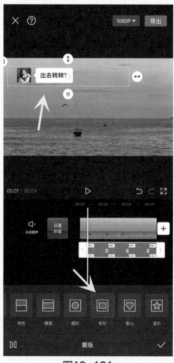

图13-131

案例实战篇

06 返回主工具栏，选中截图素材，点击工具栏中的【复制】按钮，将素材复制一份，并移至下层轨道，结尾对齐，缩短视频前端一小截即可；之后点击工具栏中的【蒙版】按钮，将蒙版框移至第二句聊天记录片段，如图13-132所示。

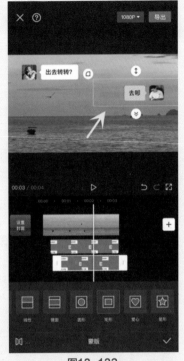

图13-132

07 将截图素材再复制两份，按同样的操作将聊天记录框选出，如图13-133所示。

图13-133

第13章 爆款短视频实操案例

08 返回主工具栏,点击【音频】|【音效】按钮,搜索"消息提示音",选其一导入轨道中,并复制多份,移至四段画中画素材起始处,如图13-134所示。预览视频,聊天记录弹框的效果即完成。

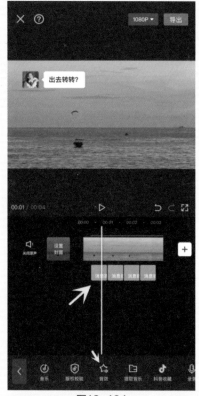

图13-134

第88招　分身"多胞胎"效果

在同一画面中,如何显示自己的多个分身?效果如图13-135所示。用剪映即可制作,需要用到"画中画""蒙版"等功能。这里要注意的是,在前期拍摄素材时,人物的站位不可太靠近,以免在后期剪辑中互相影响。

扫码看
视频教学

图13-135

具体操作步骤如下。

01 固定手机,拍摄四段人物素材,注意人物分别站在不同的位置,如图13-136所示;再拍摄一段空镜头,如图13-137所示。

图13-136

图13-137

02 先将空镜头导入剪映，点击工具栏中的【画中画】|【新增画中画】按钮，导入第一段人物素材，如图13-138所示。

图13-138

03 选中第一段人物视频素材，选择工具栏中的【蒙版】|【矩形】蒙版，将视频中人物框选出来，如图13-139所示。

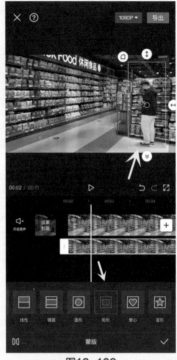

图13-139

04 将时间轴移至视频起始处，点击工具栏中的【画中画】|【新增画中画】按钮，导入第二段人物素材，之后选择工具栏中的【蒙版】|【矩形】蒙版，将视频中人物框选出来，如图13-140所示。

图13-140

⑤ 用同样的方法导入第三段视频，添加【蒙版】，框选出人物，如图13-141所示。

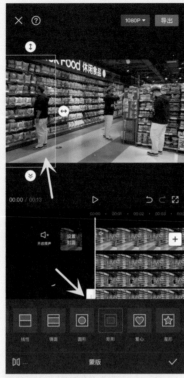

图13-141

⑥ 用同样的方法导入第四段视频，添加【蒙版】，框选出人物，如图13-142所示。

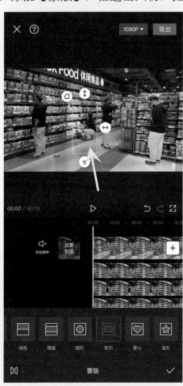

图13-142

第13章 爆款短视频实操案例

07 最后导入一段背景音乐，如图13-143所示。预览视频，"分身"视频即制作完成。

图13-143

案例实战篇